2-1 文字とアイコン

| 口絵1 | ヒエログリフなどの文字が記されたロゼッタストーン
©Trustees of the British Museum

| 口絵2 | アメリカインディアンの絵文字

| 口絵3 | オーディオの操作パネルで使われているアイコン

2-2 ものの形

| 口絵4 | 「香港上海銀行」の香港本店ビル。1階は吹き抜けになっており、床がわずかに波打っている

| 口絵6 | 五角形をした五稜郭

| 口絵5 | 風水戦争の舞台となった香港の「中国銀行」。建物の先が尖っている

2-3 認知の向きと方向

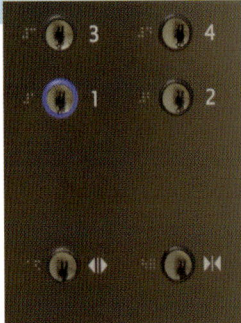

| 口絵 7 | エレベータの[開く]ボタンと[閉じる]ボタンの比較

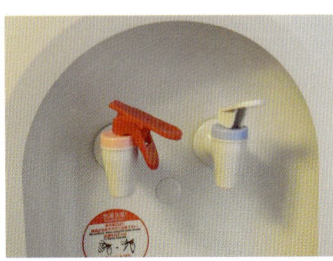

| 口絵 8 | ウォーターサーバーも、左(赤)が熱湯、右(青)が冷水になっている

2-4 色

| 口絵 9 | 色相環

| 口絵 11 | 光の3原色

| 口絵 10 | 山手線ホームに導入された青色LED照明

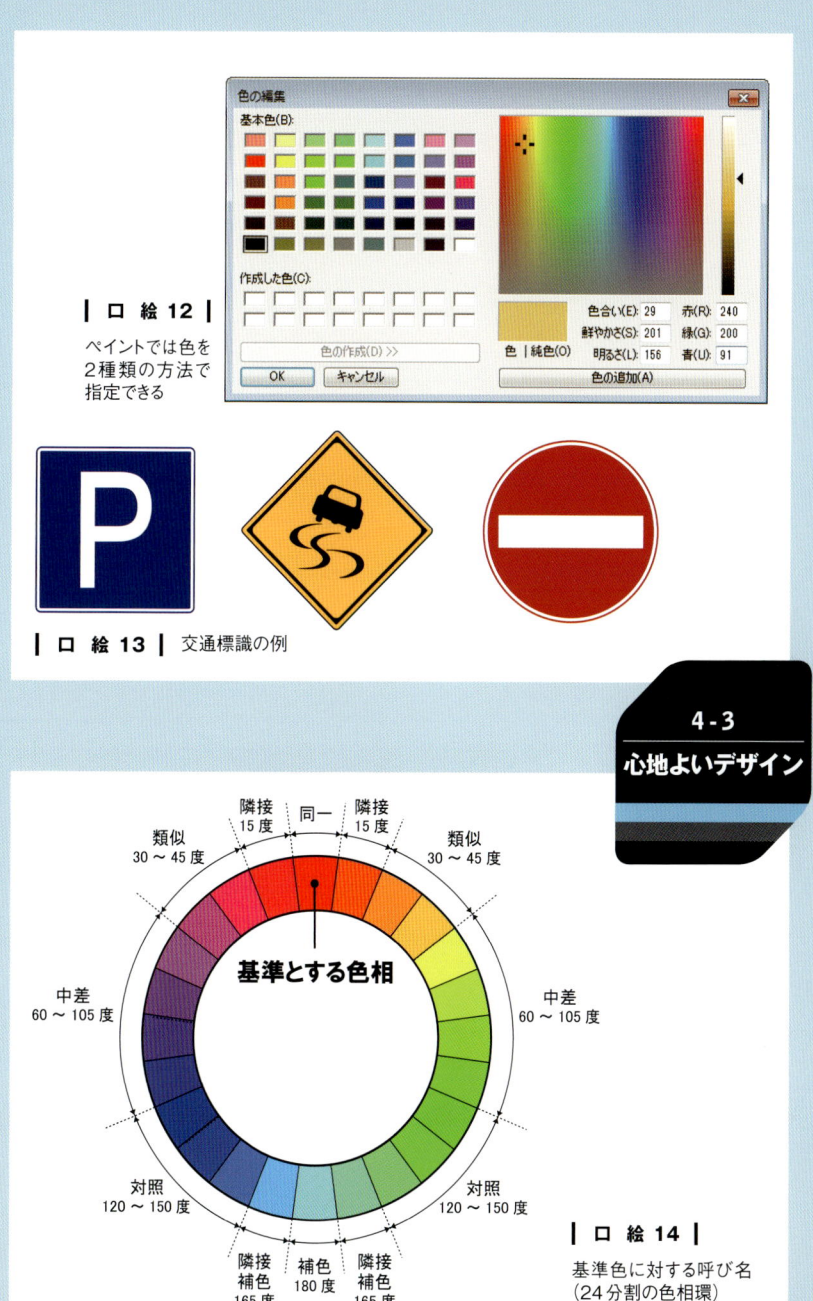

| 口絵 12 | ペイントでは色を2種類の方法で指定できる

| 口絵 13 | 交通標識の例

4-3 心地よいデザイン

| 口絵 14 | 基準色に対する呼び名（24分割の色相環）

| 口絵 15 |

同一色相1

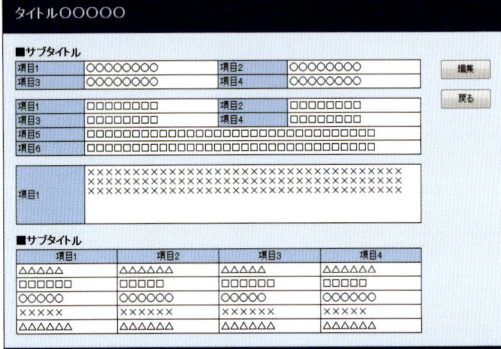

色相

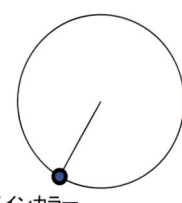

メインカラー
背景・見出し

項目	色相	彩度	明度
メインカラー	青（210度）	100%	20%
見出し	青（210度）	100%	85%
背景	青（210度）	100%	95%

| 口絵 16 |

同一色相2

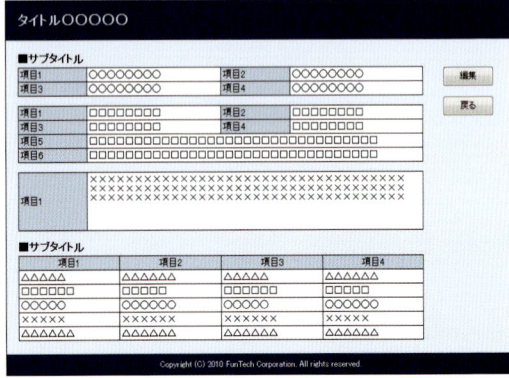

色相

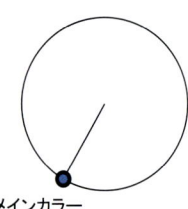

メインカラー
背景・見出し

項目	色相	彩度	明度
メインカラー	青（210度）	100%	20%
見出し	青（210度）	50%	85%
背景	青（210度）	50%	95%

| 口絵 17 |
同一色相3

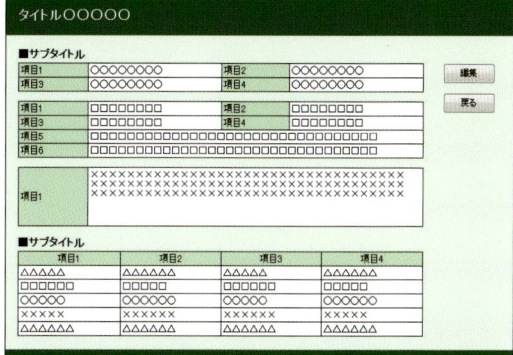

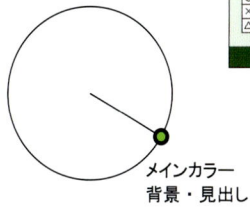

項目	色相	彩度	明度
メインカラー	緑（120度）	100%	20%
見出し	緑（120度）	50%	85%
背景	緑（120度）	50%	95%

| 口絵 18 |
類似色相1

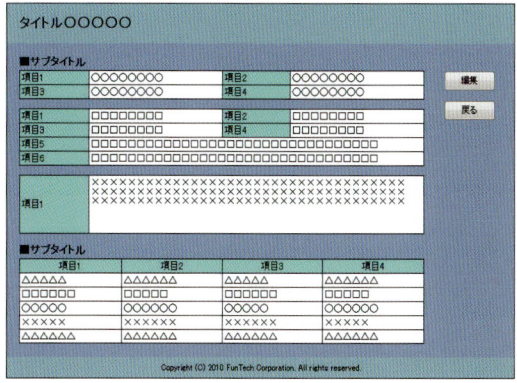

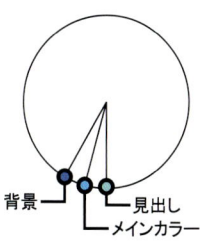

項目	色相	彩度	明度
メインカラー	緑青（195度）	50%	65%
見出し	緑青（180度）	50%	65%
背景	青（210度）	50%	65%

| 口絵 19 |

類似色相2

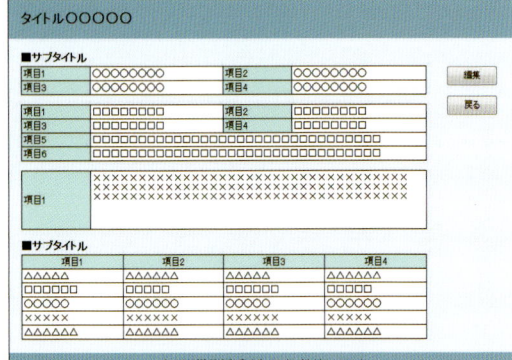

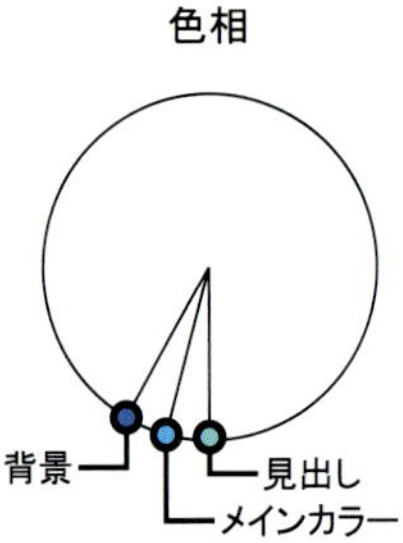

色相

背景　見出し
　　メインカラー

項目	色相	彩度	明度
メインカラー	緑青（195度）	50%	65%
見出し	緑青（180度）	50%	85%
背景	青　（210度）	50%	95%

| 口絵 20 |

類似色相3

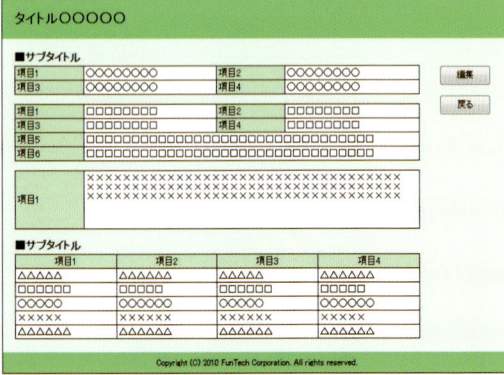

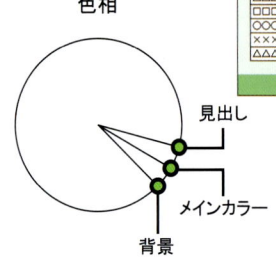

色相

見出し
メインカラー
背景

項目	色相	彩度	明度
メインカラー	緑　（120度）	50%	65%
見出し	黄緑（105度）	50%	85%
背景	緑　（135度）	50%	95%

口絵 21

補色色相

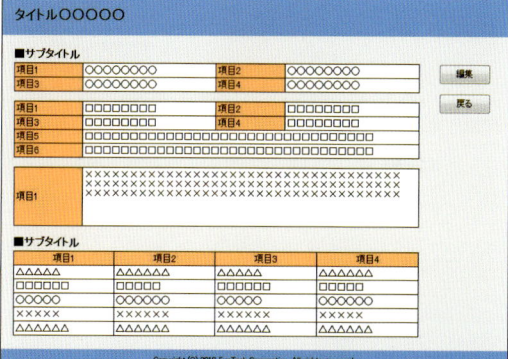

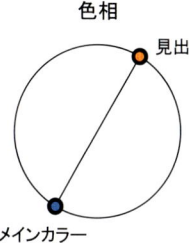

項目	色相	彩度	明度
メインカラー	青（210度）	100%	70%
見出し	橙（30度）	100%	70%
背景	グレー	0%	95%

口絵 22

パステルカラー

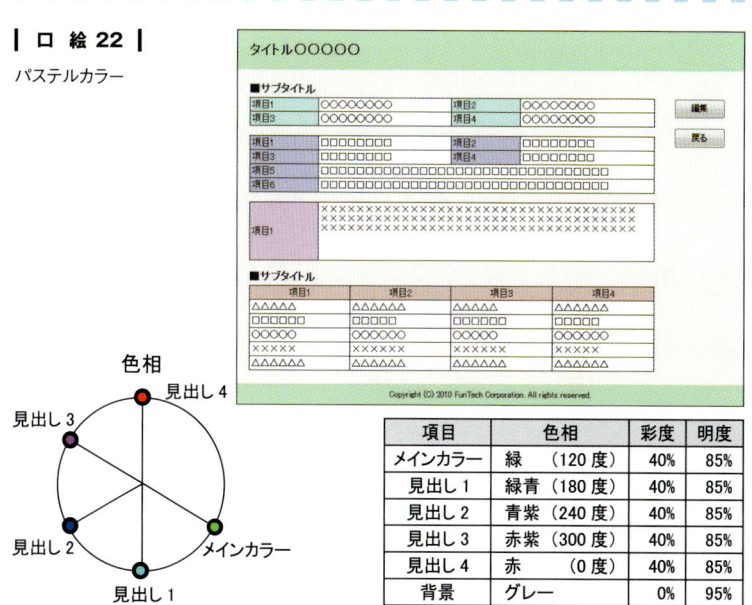

項目	色相	彩度	明度
メインカラー	緑　　（120度）	40%	85%
見出し1	緑青（180度）	40%	85%
見出し2	青紫（240度）	40%	85%
見出し3	赤紫（300度）	40%	85%
見出し4	赤　　（0度）	40%	85%
背景	グレー	0%	95%

コントラスト
コントラスト

| 口絵 23 | コントラストの比較

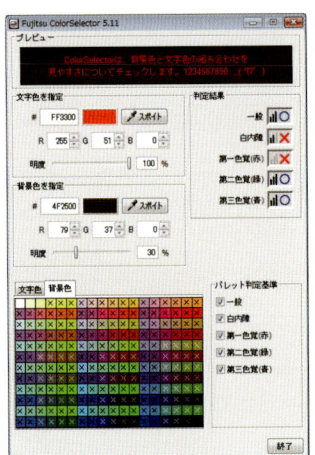

| 口絵 24 |

カラーアクセシビリティチェック用ツール
ColorSelectorの画面

| 口絵 25 |

色だけで情報を表現した例
（悪い例）

| 口絵 26 |

色以外の方法で情報を表
現するように修正した例
（改善案）

UIデザインの基礎知識
ユーザーインタフェース

プログラム設計から
アプリケーションデザインまで

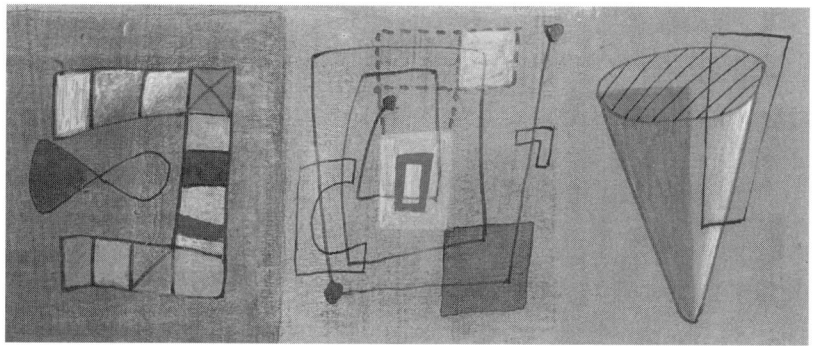

ファンテック株式会社
古賀直樹 ● 著

技術評論社

免責事項

本書に記載された内容は、情報の提供のみを目的としています。したがって、本書を用いた運用は、必ずお客さま自身の責任と判断によって行ってください。これらの情報の運用の結果、いかなる障害が発生しても、技術評論社および著者はいかなる責任も負いません。

本書記載の情報は、2010年3月現在のものを掲載しております。ご利用時には、変更されている可能性があります。あらかじめご了承ください。

以上の注意事項をご承諾いただいたうえで、本書をご利用願います。これらの注意事項に関わる理由に基づく、返金・返本を含む、あらゆる対処を、技術評論社および著者は行いません。あらかじめ、ご承知おきください。

本書に記載されている会社名、製品名などは、各社の商標、登録商標、商品名です。なお、本文中に™マーク、®マークは明記しておりません。

はじめに

　一昔前、システムと言えば、利用者には丁寧な操作研修を受けることや分厚いマニュアルを熟読することが必要とされたものでした。しかし、今ではシステムというものが特別なものではなくなり、利用者全般のスキルが向上したこともあって、きちんとした操作説明を受けず、マニュアルにも目を通さずにシステムに向き合うことがそれほど珍しくなくなってきました。そのような状況下であるからこそ、わかりやすく使いやすい、そして間違えにくいインタフェースが求められています。さらに、カラフルでグラフィカルな画面表示が可能になってきた今日では、画面デザインにもこれまで以上に多くの知識と能力が要求されるようになってきています。

　本書は、SEやプログラマなど、ソフトウェアの設計、開発に関わる多くの方々が、ユーザーインタフェース（UI）に関する基礎的な知識を習得できることを目的に執筆したものです。多くのユーザーにとってわかりやすく使いやすいインタフェースを作り上げるには、人間の脳や心の仕組みにも考えを広げなければなりません。しかし、今のところSEやプログラマがUIデザインを正面から学習するような機会は少ないのではないかと思います。

　そこで、UIデザインの基本をきちんと理解してもらうために、本書では人間が画面上の"もの"を見るという行為、そして操作するという行為について、できるだけ身近な事象と共に説明するようにしました。さらに、実際の画面デザインで利用できる色やレイアウトのテクニックについても、具体的な事例を紹介しています。SEやプログラマにとってはなかなか触れることのない技術の一端を垣間見ることができると思います。

　なお、本書を記述するにあたり、多くの箇所で"設計"ではなくあえて"デザイン"という言葉を使用しています。これは、今日のソフトウェアの設計が、本書に書かれているようなさまざまな要素を考慮しなければならなくなったことにより、かつての設計という用語では納まりきらない多方面の知識や能力が必要となってきたためです。そのため、本書では幅広い設計の意味を込めて、デザインという言葉を使用しました。

　最後になりますが、本書を出版するにあたり、何年もの間、継続的に粘り強くフォローしてくれた編集の久保様、幾度となく貴重な意見と励ましの言葉を贈ってくれたアウル出版企画の川村様、いつ完成するともしれない書籍を最後まで支援してくれた技術評論社、そしてその他多くの方々の支えがあって、何とか出版にこぎ着けることができました。この場を借りて、お礼を申し上げます。

2010年4月　古賀直樹

C O N T E N T S

口　絵 ………………………………………………………… i 〜 viii

Chapter1　インタフェースデザインの重要性　　7

1-1　インタフェースの問題点とシステム設計者への要求　　8
- 1-1-1　困りもののインタフェース……………………………… 8
- 1-1-2　システム操作におけるストレス……………………… 15
- 1-1-3　システム設計者に要求されること…………………… 17

1-2　ヒューマンエラーの増加とその影響　　19
- 1-2-1　ヒューマンエラーとは？……………………………… 19
- 1-2-2　ヒューマンエラーが引き起こした事件……………… 22

Chapter2　画面のデザインと効果　　25

2-1　文字とアイコン　　26
- 2-1-1　文字というもの………………………………………… 26
- 2-1-2　アイコンの利用とその効果…………………………… 30

2-2　ものの形　　34
- 2-2-1　ものの形………………………………………………… 34
- 2-2-2　ものの形から受ける直感的な感覚…………………… 35
- 2-2-3　ディスプレイの表示から受ける感覚………………… 37
- 2-2-4　ソフトウェアにおける形の効果……………………… 38
- 2-2-5　黄金比と安定するものの形…………………………… 40
- 2-2-6　その他の調和の形……………………………………… 43
- 2-2-7　アフォーダンス　ものの形が生み出す効果………… 45
- 2-2-8　ものの形がもたらす効果……………………………… 48
- 2-2-9　錯視効果………………………………………………… 48

2-3　認知の向きと方向　　51
- 2-3-1　人間の視覚による水平と垂直の違い………………… 51
- 2-3-2　上と下の意味…………………………………………… 53
- 2-3-3　左と右の意味…………………………………………… 56
- 2-3-4　右回りか？左回りか？………………………………… 62

2-4	色		65
	2-4-1	色の属性	65
	2-4-2	色の効果	66
	2-4-3	コンピュータにおける色	71
	2-4-4	色の重さと大きさ、奥行き	75
	2-4-5	インタフェースにおける色の活用	77
2-5	動きの効果		79
	2-5-1	動きによる効果	79
	2-5-2	マウスクリックの秀逸性	85
2-6	擬似的な3Dの視覚的効果と問題点		90
	2-6-1	インタフェースへの3Dの組み込み効果	90
	2-6-2	ボタンのデザインと視線の流れ	92
	2-6-3	3Dコンポーネントによる無意識のいらつき	94

Chapter3　操作方法　　99

3-1	マンマシンインタフェース		100
	3-1-1	マンマシンインタフェースの歴史と種類	100
	3-1-2	認知的に見たマウスの効用	101
	3-1-3	万人に利用しやすいタッチパネル	104
	3-1-4	キーボード操作のメリット	106
3-2	操作手順と機能の流れ		109
	3-2-1	対話型とオブジェクト型の違い	109
	3-2-2	2つの操作系の融合	121
3-3	操作の慣れ		123
	3-3-1	学習効果と無意識の操作	123
	3-3-2	ソフトウェアにおける操作の慣れ	126
	3-3-3	誤ったインタフェース設計とその対応方法	128
	3-3-4	無意識の操作への対応	132
3-4	時間の要素		136
	3-4-1	ユーザーへの処理に関する情報提供	136

	3-4-2　処理時間を錯覚させるごまかし方………………	138
	3-4-3　操作時間の統一による安心感……………………	143
	3-4-4　システムへの時間要素の導入……………………	144
3-5	**ターゲットユーザーによる違い**	**147**
	3-5-1　ユーザーレベルによる設計の変更………………	147
	3-5-2　利用場所と利用時間による設計の変更…………	150

Chapter4　よりよいシステムにするために　153

4-1	**ヒューマンエラーの防止**	**154**
	4-1-1　ヒューマンエラーの防止方法……………………	154
	4-1-2　ソフトウェアにおけるヒューマンエラー対策……	158
4-2	**認知不安の解消**	**164**
	4-2-1　ユーザーストレスとその要因……………………	164
	4-2-2　居場所を明確にする…………………………………	166
	4-2-3　識別しやすい選択肢の数…………………………	170
	4-2-4　情報のグループ化……………………………………	171
	4-2-5　ユーザーへのフィードバック……………………	174
	4-2-6　エラーメッセージ……………………………………	178
	4-2-7　ヘルプの充実…………………………………………	179
4-3	**心地よいデザイン**	**182**
	4-3-1　色の活用………………………………………………	182
	4-3-2　色の役割分担と配色サンプル………………………	189
	4-3-3　視認性の向上とコントラスト………………………	192
	4-3-4　視線の安定と情報の入手……………………………	199
	4-3-5　バランスの良いデザイン……………………………	204

参考文献	………………………………………………………………	212
索　　引	………………………………………………………………	213

Chapter 1
インタフェースデザインの重要性

　コンピュータシステムにおいては、どのような用途で使用されるソフトウェアであっても、人間とのやり取りを行うための"インタフェース"が装備されています。さまざまなユーザーに利用されるソフトウェアであれば、このインタフェースがどのぐらいわかりやすく使いやすいかということが、ソフトウェアの品質に大きな影響を与えます。

　この章では、誤りやトラブルを起こしやすいインタフェースの例やストレスを感じさせるインタフェースについて説明します。そして、人に優しいソフトウェアであるために、インタフェースデザインに要求される要素を整理します。また、ヒューマンエラーの概要についても説明します。いかにヒューマンエラーを少なくできるかということも、インタフェースデザインにおける大きな目的のひとつとなります。

1-1 インタフェースの問題点とシステム設計者への要求

この節では、利用者を困らせるインタフェースと、ストレスを感じさせるインタフェースについて考えてみたいと思います。この節に挙げられた課題は一般的なものであり、このような問題点をしっかりと認識することがインタフェース改善の第一歩となります。

1-1-1 困りもののインタフェース

現在では、年齢を問わず、銀行のATM、切符の販売機などのコンピュータシステムを利用することが当たり前になっています。また、年配の方であっても、教育といえるほどのきちんとしたトレーニングを受けずに、オンラインバンキング、オンライントレーディングといったシステムを日常的に利用しています。企業においては、1人1台のコンピュータを使用するのが当然のことであり、事務作業ではペンを持つ時間よりもキーボードを叩いている時間の方が長いことも珍しくありません。このように、コンピュータシステムやさまざまなソフトウェアの利用者は、現代社会において急速に拡大しています。

しかし、現在の社会においてコンピュータが不可欠であるからといって、すべての利用者がコンピュータを全面的に歓迎しているわけではありません。依然として、コンピュータ自体を毛嫌いする利用者も少なくありません。銀行のATMや駅の精算機の画面を恐る恐る触ろうとしたかと思うとすぐに近くの人に助けを求めたり、窓口や有人の改札口に向かったりする人もよく見かけるものです。このような利用者に対しては、恐怖心を持たずに操作できるインタフェースが必要不可欠と言えます。

現在のようにユーザー層が拡大された状況下では、システム設計者は自らの作るソフトウェアのインタフェースが利用者にどのような影響を与えるのかということにも気を配る必要があります。しかし、残念ながら現在

のシステムでも、そのようなインタフェースデザインの重要性に無頓着なものも多く、利用者は自らの方を向いて設計されていないソフトウェアを、"うんざりしながら"利用しなければならないことも珍しくありません。

それでは、ここでそのような"困りもののインタフェース"を装備したシステムの例を6つ紹介しておきましょう。

① どうしたら削除できるのか？ － 操作系のインタフェースに課題

あまりコンピュータが得意ではないAさんは、最近はどんな業務もシステムを使わなければならないということでちょっと閉口気味である。どうやら、今日からまた最先端のシステムとやらがお目見えするらしい。そんなAさんであるが、新システムをおっかなびっくり操作していたら、やはり間違えてデータを登録してしまったようだ。メニューに戻って、目を皿のようにして[削除]ボタンを探すがどこにも見あたらない。ふ～む、どうしたもんだろうか。

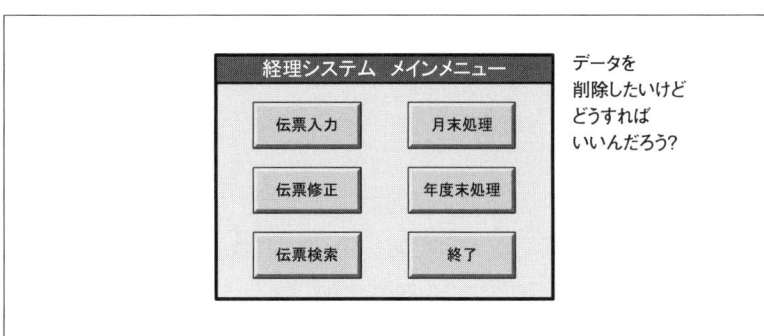

図1●削除の方法がわからないシステム

② 元に戻せないのに － 処理確認に課題

コンピュータの操作に慣れっこのBさん。今日も鼻歌交じりでスイスイとマウスを滑らせている。カチッ、カチッっと。おっと、勢いで違う

ボタンを押してしまったようだ。あれっ、画面には「すべてのデータを更新しました」の文字。もしかして、とんでもないことをしでかしてしまったのか。嗚呼。

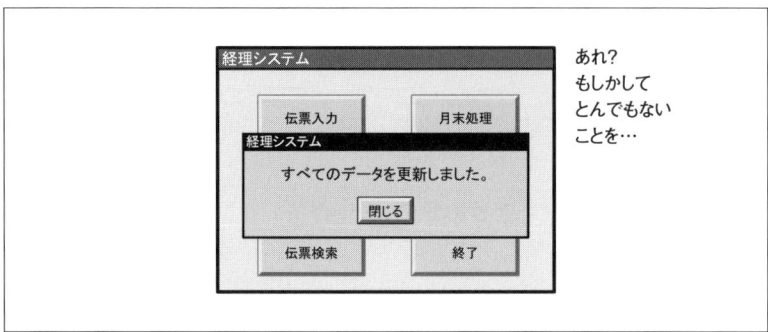

図2●操作確認が不足しているシステム

③ 何で入力できないの？ － テキストボックスの意味に課題

　Cさんは新しいシステムを使い始めて1週間ばかり。画面はきれいなんだけど、何だか使いにくくてイライラする。気を取り直してデータを登録しようとしたら、テキストボックスにカーソルが入らない。あれっ？そういえば、「編集モード」に切り替えなければいけないんだっけ。この入力できそうなテキストボックスがいけないのよ。もうわかりにくいったらありゃしない。

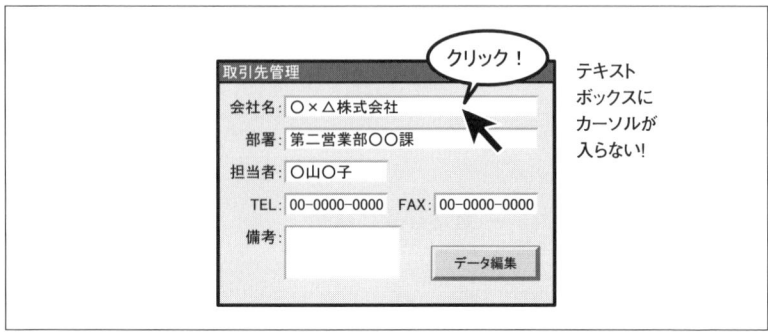

図3●混乱を招くテキストボックス

④ 本当は動いていたの？ － 実行中の表示に課題

　経理部のDさんは月末の確認業務を終えて、システムの月次締め処理を実行した。今月導入されたばかりの新しいシステムなので、月次締め処理は初めて利用する機能であった。しかし、月次締め処理のボタンを押したものの、画面上には一向に変化が現れない。しばらく待っていたが、どうも動いているようには思えなかったのでコンピュータを強制的に終了して帰宅してしまった。

　翌日Dさんが出社したところ、経理部のみんなが騒いでいる。どうやら新しいシステムが動いていないらしい。どうしよう、ここは知らんぷりするしか…。あっ、部長がこっちにやってきた…。

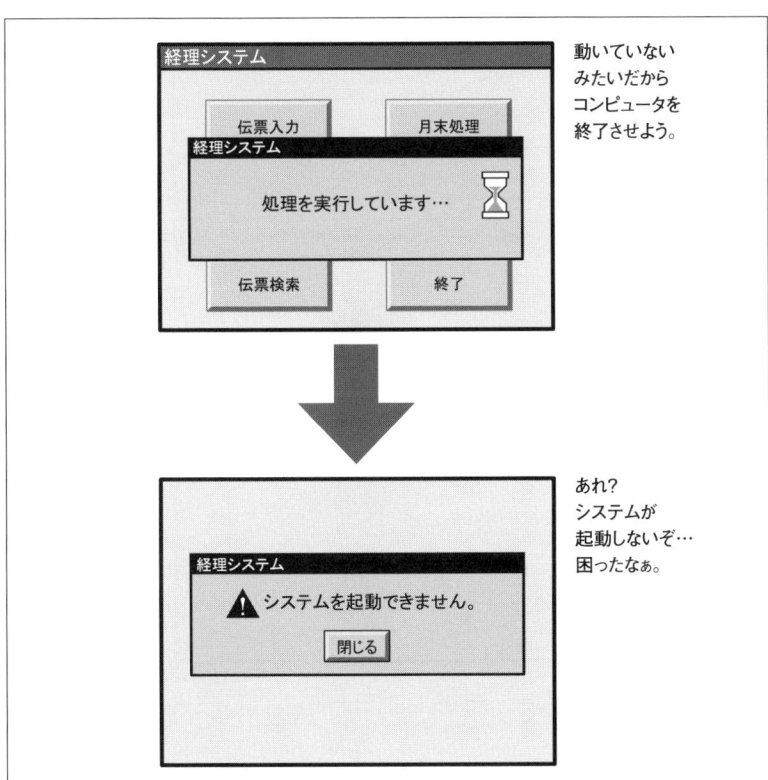

図4●実行状況がわからないシステム

⑤ 次に進みたかったのに － ボタンの位置に課題

　インターネットでアンケートに回答するのが趣味のEさん。今日もメーカーへのアンケートに回答していたが、今回のアンケートは記入式ばかりでとても大変。何とか書き終えて次のページに移動しようと、［次］ボタンを押したつもりが…。あれっ、前のページに戻ってしまった。おやおや、間違えて［前］ボタンを押してしまったらしい。慌てて［次］ボタンを押したが、せっかく記入した回答は真っ白。もう面倒だ、やめてしまえ。

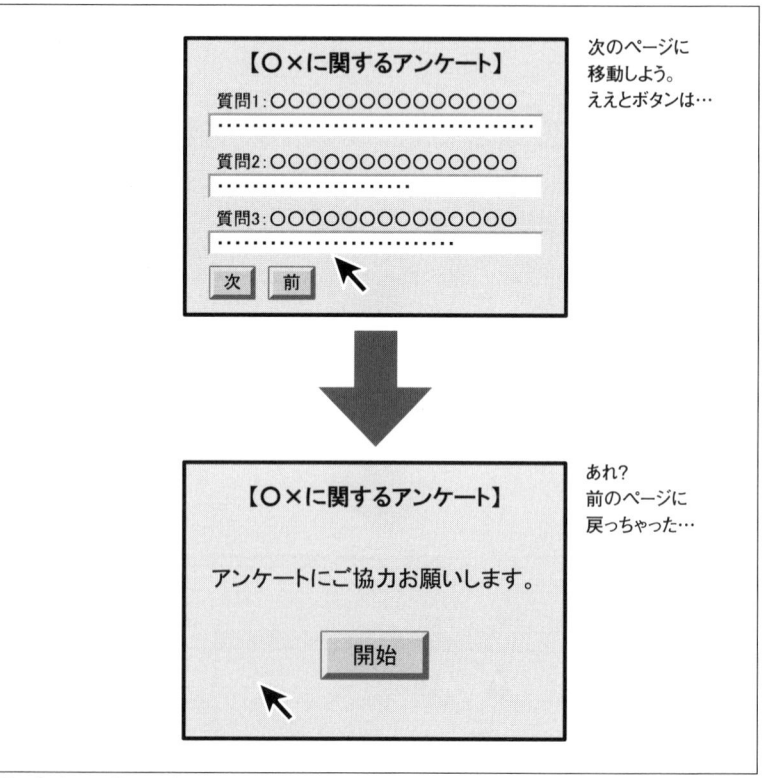

図5●ボタンの位置が適切でないシステム

⑥ どこがエラーなの？ － わかりにくいエラーメッセージに課題

「画面が細かくていやになっちゃう」と愚痴をこぼしながらも、データを登録しているFさん。何とか、大量の文字を書き終えて[登録]ボタンを押したところ、画面上には「エラーがあるので登録できません」の文字が現れた。でも、メッセージが多すぎて、いったいどこがエラーなのやら探すのが大変…。

図6●エラーの場所がわかりにくいシステム

ユーザーにとってちょっとした災いのようなこれらの事例は、すべてインタフェースデザインによる影響です。しかし、システム設計者はユーザーに恨みがあってこのようなデザインを行ったわけではないはずです。それでは、なぜこのようなことが起こってしまったのでしょうか。

インタフェース（Interface）とは、"もの"と"もの"との間に入る接続部分のことを言います。この場合のインタフェースとは、ユーザーインタフェース[※1]と呼ばれるもので、人間とコンピュータの間に入るものということになります。当然のことですが、人間とコンピュータという似ても似つかない2つのものを無理やりにつなごうとするという話なので、このインタフェースの間には本来大きな隔たりがあります。

※1　機械に対するユーザーインタフェースは、マンマシンインタフェースやヒューマンインタフェースと呼ばれることもあります。

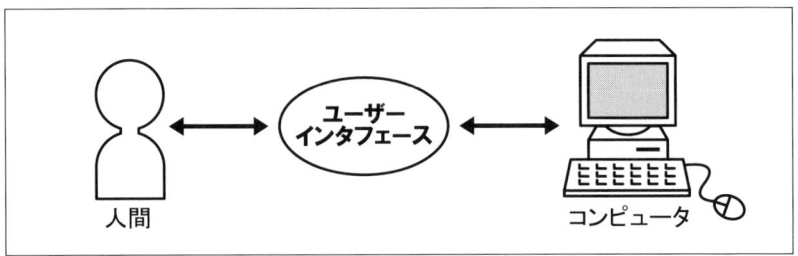

図7●ユーザーインタフェースは人間とコンピュータの橋渡し役

　コンピュータは、人間に対して映像や音を利用して情報を伝達します。人間はキーボードやマウス、タッチパネルといった機器を利用して、コンピュータに指示を伝達します。これらのインタフェースによる隔たりを小さくする方法は、ハードウェアとソフトウェアの両側からの総合的なIT技術によって進歩し、現在はGUI (Graphical User Interface) というインタフェースが一般的になっています。GUIとは、画面上にグラフィカルに情報を表示し、表示された画面に対して直接またはマウスなどの機器を使って動作を指示するというものです。このGUIというインタフェースにより、一昔前のCUI (Character User Inferface) というキャラクタベース (文字ベース) のインタフェースと比べると、人間とコンピュータとの隔たりはだいぶ小さくなっているのかもしれません。

　しかし、GUIのインタフェースによるシステムを利用した場合でも、前述したようなちょっとした"災い"は依然として各所でお目にかかります。その多くは、ユーザーに対する情報提供の方法が、人間がものごとを認知する際の原則を無視したものになっているために発生しているのです。

1-1-2 システム操作におけるストレス

いわゆる"出来の悪いシステム"と言えば、要求される機能が満たされていないものや、正しい結果が出せないもの、結果を出すまでに余計な労力や時間を必要とするものなどがあります。前の項で紹介したようなユーザーにとってのインタフェース上の不具合(使いにくさ)がたくさん見受けられれば、それは"出来の悪いシステム"と呼ばれても仕方ないかもしれません。しかし、丁寧な作りのソフトウェアであっても、ユーザーが操作する上でストレスを感じるものは、ユーザーにとってはやはり"出来の悪いソフトウェア"になってしまいます。

それでは、いったいユーザーはどのようなときにストレスを感じるのでしょうか。ここで、ユーザーにストレスを与えるいくつかの例を挙げてみましょう。

例1. 急いで利用したいのに、起動時のタイトル画面表示が長い。
例2. データを選択するたびに Enter キーを押さなければならない。
例3. 1つの機能を実行するために、深い階層のメニューを繰り返し行き来しなければならない。
例4. 不必要な解説が毎回毎回動画で再生される。

ここで挙げたようなインタフェース上の使いにくさは、ユーザーに不要なストレスを感じさせます。

さらに、ソフトウェアのインタフェースにおいては、もう1つ大切なことがあります。それは、画面上の色やレイアウトなどによっても、ユーザーは"無意識のストレス"を受けることがあるということです。

本書の大きな目的の1つは、ユーザーがどのような状況でストレスを感じるのかということを整理して、そのようなユーザーストレスを解消するデザインを検討することです。これらの検討を行う上でのバックボーンとしては、「認知科学」や「認知心理学」といった研究があります。認知科学と

は、ものを認識する活動内容を視覚や聴覚といった人間の持つ五感による情報処理の視点から解明しようとする研究です。ここで言う「認知」とは、意識的か無意識かに関わらず、知覚、記憶、思考、学習、推論といった人間の持つさまざまな道具を用いて、対象とするものが何であるかを判断したり解釈したりする過程のことを言います。

　認知科学が網羅する内容については、『認知科学』（新曜社、大島尚編、1986年）に日常生活におけるわかりやすい例が記載されています。以下に、一部を抜粋します。

> たとえば、道を歩いていて交差点にさしかかったとしよう。このとき、そこに信号機があるということなどは、たとえ他のことを考えていたとしても、ほとんど意識することなく認識でき、赤であれば自然に立ち止まるだろう。その際に含まれる過程として考えられるものは、まず信号機を見て赤ランプがついていることを知る知覚の過程である。さらに、「信号が赤のときには道路を渡ってはならない」という学習された知識が使われ、立ち止まるべきとの判断がなされる。そして、信号機に関するこれらの知識は、すべて過去の経験において記憶に貯えられたものが取り出され、利用されているのである。このように考えれば、たとえ無意識におこなっている行動であっても十分に「知的な」行動とみなすことができる。同様のことは、動物のさまざまな行動についてもあてはまる。
>
> 　　　　　　　　　　　『認知科学』（新曜社、大島尚編、1986年）より抜粋

　また、認知科学の考え方を心理学に取り入れたものを認知心理学と言います。本書ではSEやプログラマに知っておいてもらいたい認知科学や認知心理学のちょっとした話題を紹介し、これらの研究成果を上手に応用することでソフトウェアのインタフェースを向上させて、"人に優しいインタフェース"を作り上げる基本的な考え方を解説していきます。

1-1-3 システム設計者に要求されること

一言で"人に優しいインタフェース"といっても、そこには画面デザインや操作方法、メッセージの内容など、数多くの要素が含まれることになります。人に優しいソフトウェアをデザインするためには、以下のような対応が要求されることになります。

・色と配色
　画面で利用する色の組み合わせに配慮する。色には人間を安心させるものや、読み取りやすいものがある。

・レイアウト
　バランスのよいレイアウトは、ユーザーが画面上の文字を読み取るために重要である。逆に、バランスの悪いレイアウトは、ユーザーを不安にさせることがある。

・形
　ものの形によっては、ユーザーに不快感を与えたり、正確性に欠けるソフトウェアと認識されたりすることがあるため、検討が必要である。また、画面上に配置するコントロールの形状によって、ユーザーは操作を学ばなくても理解できるようになる。

・配置
　ものがどのように配置されているかということは、人間が当たり前と感じる操作に影響することがある。ものの並び順、向きなども重要な要素となる。

・操作方法
　操作方法がわかりにくかったり、統一されていなかったりすると、ユー

ザーは戸惑いを覚える。そのため、操作方法を統一させる必要がある。

・**フィードバックの方法**

処理の結果は、ユーザーにわかりやすく確実に伝達しなければならない。また、エラーメッセージの表示方法やメッセージの内容は、ユーザーが次の行動に移せるものにしなければならない。

パッケージソフトや多数のユーザーに利用されるようなシステム（例えば、オンラインバンキングのように）の場合には、画面のデザインは"プロ"のデザイナとの共同作業になることが多いはずです。しかし、そのようなデザイナとの共同作業においても、システム設計者が誰にでも使いやすいインタフェースを作るための知識や技術を習得しておくことは大切なことと言えます。また、システムの規模や開発スタイルによっては、プログラマに画面デザインなどの設計権限が与えられることもあるかもしれません。そのようなケースでは、たとえ技術者であっても本来は上記のような対応を行うスキルが要求されているはずです。

おそらく、ここに整理した内容については当たり前のように思えるものや、現時点では意味がわからないものなどがあると思います。本書ではこれらの要素についての背景、理由、日常生活や習慣における関連事項について説明し、それをシステムのインタフェースとして取り入れていく方法を紹介します。具体的には、「Chapter 2　画面のデザインと効果」で画面のデザインと効果について、「Chapter 3　操作方法」ではユーザーによるソフトウェアの操作方法について説明していきます。最後に、システムにおける課題について、「Chapter 4　よりよいシステムにするために」で整理することにします。

1-2　ヒューマンエラーの増加とその影響

　現代社会においては、コンピュータシステムの利用範囲が拡大したことにより、システムトラブルの影響もまた大きくなってきています。特に、ユーザーの誤操作については、システムの開発時にどれほど丁寧なテストを行っても避けることはできないものと言えます。このようなユーザーによる操作ミス全般を「ヒューマンエラー」と呼びます。

　この節では、ヒューマンエラーについての概要を説明し、システムにおけるいくつかの事故の事例を紹介します。

1-2-1　ヒューマンエラーとは？

　原子力発電所や航空機、電車の事故などを報道するニュースにおいて、ヒューマンエラーという言葉を耳にすることがあると思います。「ヒューマンエラー」とは、その名の通り"人間が起因となる誤り"のことを言います。この言葉は、原子力発電所や航空機など、機械やシステム操作のトラブルがそのまま人命に直結するような事象への対応から生まれたものであり、現在では医療や自動車、鉄道などの分野でも研究が進んでいます。そして、コンピュータシステムの利用範囲が拡大したことにより、人命に関わる可能性のある機器を操作するシステムはもとより、金融や流通などで利用する各種システムにおいてもヒューマンエラー対策が必須になってきました。

　一口にヒューマンエラーと言っても、そこには人間によるすべての操作ミスが含まれるため、さまざまなエラーが考えられます。ヒューマンエラーの研究では、多種多様なこれらのエラーをいくつかの分類に大別しています。例えば、ヒューマンエラーを人の行動から考えると、「スリップ（やり間違い）」、「ラプス（やり忘れ）」、「ミステイク（誤り）」の3つに分類することができます。

【人の行動による分類】
- スリップ（slip）　　　　見間違いや思い違いなどによって、意図していないことを行ってしまった誤り。
- ラプス（lapse）　　　　やり忘れによる誤り。
- ミステイク（mistake）　行動自体が間違っていた誤り。

　また、システムや機器を操作する「入力」、「媒介」、「出力」の3つの操作過程において、ヒューマンエラーを分類する方法もあります。

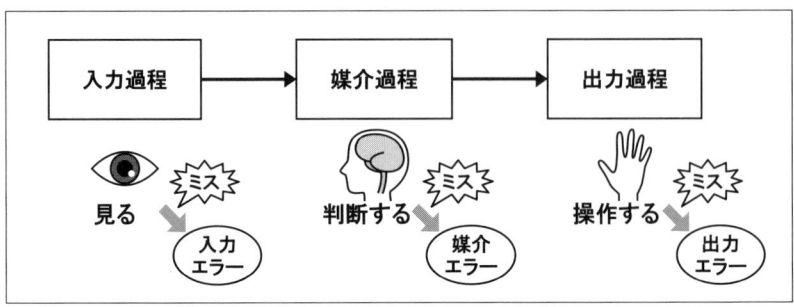

図1●操作過程から見たヒューマンエラー

【操作過程による分類】
- 入力過程　視覚や聴覚で得た情報のミス。見間違いや聞き間違いなど。
- 媒介過程　人間の思考に関するミス。判断や記憶の間違いなど。
- 出力過程　システムや機器の操作ミスなど。

　上記で挙げた2種類のヒューマンエラーの分類は、いずれも前述のような機器の操作による研究から整理されたものですが、コンピュータシステムについてもまったく同じように考えることができます。例えば、人がシステムを操作する過程では、入力過程はディスプレイでの表示を読み取ることで、出力過程はキーボードやマウスによる操作ということになります（これらの言葉は人間視点の過程であるため、コンピュータにおける入出力とは逆になっています）。特に近年のシステムでは、ネットワークの利用に伴い影響範囲は短時間で拡大し、発生するトラブルが大きくなってき

ています。一昔前であれば、あるシステムで生成したデータはフロッピーディスクを介して別の端末で送信するといった具合に、処理が明確に切り分けられていたことが多く、処理と処理の間に確認用の帳票などが用意されていることも一般的でした。しかし、現在ではインターネット上でシステムを利用するケースも多く、ユーザーの些細な間違いによって、誤ったデータが瞬時に別のシステムに送信されてしまうというトラブルが発生することもあります。

　ユーザーの習熟度が上がり、キーボードやマウスによる操作速度が速くなったことやメッセージをよく読まずに操作するようになったことは、ヒューマンエラーの増加に影響を及ぼしています。また、システム操作に慣れるにしたがって、システムを操作する際の心理的な障壁が低くなり、画面や処理内容の再確認を無意識に省略してしまうことも少なくありません。

　ほとんどのシステムが、ユーザーが居眠りをしながら操作しても大丈夫なようには作られてはいません。そもそも"慎重に操作しなければならない"という時点で、ユーザーの操作によってはトラブルが発生することが当たり前と言えます。つまり、"本人がしっかりしていれば大丈夫"というのは、裏を返すと、"本人がしっかりしていなければトラブルが発生する"ということなのです。

　操作ミスによる危険度が高いシステムの場合には、ユーザーの利便性を犠牲にしてでも、できるだけ安全なシステムを用意すべきです（これを「安全性と利便性のトレードオフ」と言います）。しかし、危険度の低いシステムであっても、利便性を考慮した上で安全性を確保するために、ヒューマンエラーの研究における人間の動作や認識、学習といった要素、すなわち認知科学的な基盤をしっかりと理解しておくことはとても大切なことです。システムをデザインする際には、前節で説明したような「困りもののインタフェース」を解決するだけでなく、ユーザーの操作ミスによるヒューマンエラーをできるだけ少なくするためのインタフェースデザインも重要なのです。

1-2-2 ヒューマンエラーが引き起こした事件

次に、コンピュータシステムに関して、ヒューマンエラーが引き起こしたいくつかの事件を紹介します。

・みずほ証券による誤発注

2005年12月にみずほ証券株式会社は、ジェイコム株式会社(現ジェイコムホールディングス株式会社)の新規公開株に対する売り注文で「61万円で1株」を「1円で61万株」と誤発注してしまった。みずほ証券株式会社はすぐに注文の取り消し作業を行ったが、東京証券取引所のシステムの不具合によって取り消すことができなかった。その結果、みずほ証券株式会社は数百億円もの損害を被った。なお、この61万株という注文数量は、ジェイコム株式会社が発行している総株数の10倍もの量であった。

・ショッピングサイトでの価格表記ミス

2003年10月に丸紅株式会社のショッピングサイトでは、198,000円のパソコンを誤って19,800円と価格表示してしまった。サイトには注文が殺到し、最終的に1,500台ほどのパソコンを受注することになった。注文者とのさまざまな騒動の末、最終的には、丸紅株式会社側が「消費者を裏切るわけにはいかない」という意向を示し、誤って表示した価格のまま販売することになった。トラブルの原因は、単なるサイトへの金額の登録ミスであった。

・電子マネーの二重引き落とし

2008年10月、コンビニエンスストアでの電子マネーの利用において、代金が二重に引き落とされるというトラブルが発生しているとの報道があった。その原因の多くは、店員の操作ミスや経験不足などにより、一度代金が引き落とされた後に顧客に再度リーダーにかざすことを要求し

てしまうためであるとしている。利用者側は使用履歴が把握しにくいなどの理由もあり、二重引き落としに気付いていないケースも多いため、被害の実態は不明である。

・「緊急地震速報(警報)」の誤報

2009年8月25日に、千葉県、茨城県、東京都23区、神奈川県東部、埼玉県南部に誤った緊急地震速報(警報)が発令された。誤報の原因は、千葉県南房総市の観測点から異常な振幅値のデータが送られていたことにより、地震の規模が震度5以上と過大に見積もられたことによるものであった。気象庁による調査の結果、震度計機能のソフトウェアを業者が修正した際に、改修対象とはなっていない緊急地震速報処理についても作業が行われ、その結果ソフトウェアに不具合が生じ、不正なデータが送信されていたことが判明した。業者と気象庁のコミュニケーション不足、気象庁の管理体制、業者や気象庁担当者によるテストや手順の確認不足等が重なったことによるトラブルであった。

これらのような事件は、どのようなシステムであっても、人間が操作する以上は形を変えていつでも起こり得るものであると言えます。やはり、システムを構築する際には、"人間は誤りを犯すもの"ということを前提にしたシステムデザインが大切なのです。なお、システムにおけるヒューマンエラーへの対応方法については、「4-1 ヒューマンエラーの防止」で説明します。

Chapter 2
画面のデザインと効果

　人間とコンピュータの間をつなぐユーザーインタフェースには、人間からコンピュータへの入力操作とコンピュータから人間への情報出力(表示)の2種類の処理があります。

　この章では、コンピュータが人間に対して情報を出力するということについて、文字とアイコン、ものの形、向きと方向、色、動きといったことがらについて説明します。最後に、コンピュータ特有の3D表示について、その視覚的効果や問題点を説明します。

2-1 文字とアイコン

コンピュータから人間(ユーザー)への情報伝達は、ディスプレイに文字やアイコン、画像を用いて、さまざまな情報や実行できる操作内容を示すことが主な方法になっています。

コンピュータ創世記におけるソフトウェアでは、単色かつ決められたサイズの文字だけでインタフェースが構成されていました。その頃のコンピュータは、画像を表示する機能自体を持っておらず、文字だけのインタフェースは当たり前のことと言えるものでした。しかし、コンピュータが進化した今日では、自由な色やサイズの文字と画像を表示することが可能となっています。そのため、私たちが日常的に使用するOSやソフトウェアでは、グラフィカルなインタフェースが採用されています。

このような技術革新は、ソフトウェア設計者やデザイナにとっては自由度を高める意味では有り難いことと言えますが、逆に言えばデザインの多様性ゆえに、デザインの仕方次第で使いにくいインタフェースを生み出してしまう原因になっています。

この節では、インタフェースにおける情報の出力として利用される文字とアイコンについて考えてみましょう。

2-1-1 文字というもの

本題に入る前に、一般論として文字というものを整理しておきたいと思います。文字とは、私たちがコミュニケーションを取る際に、言葉を伝えたり記録したりするために利用される"記号"のことを言います。その記号の形は国や地域によって異なり、日本では漢字、ひらがな、カタカナ、数字、アルファベットを用いています。特に、漢字という表意文字(意味を表す文字のこと)と、ひらがなとカタカナによる表音文字(音を表す文字のこと)を組み合わせて利用しているという点は、日本語の文字活用におけ

る最大の特徴と言えます。

表意文字と表音文字

　表意文字[※1]とは、ひとつの文字自体が何らかの意味を持つものを言います。表意文字としては象形文字が有名ですが、これはものの形を簡略化してできあがったものです。表意文字のデザインは文明によって大きく異なり、エジプト文明では壁面に刻んだ文字（ヒエログリフ）、メソポタミア文明では楔形（くさびがた）文字、アメリカインディアンは絵文字、中国では亀の甲羅や鹿の骨に刻まれた亀甲獣骨（きっこうじゅうこつ）文字などが使われていました（**図1〜4**）。

図1●ヒエログリフなどの文字が記されたロゼッタストーン（口絵1も参照）
©Trustees of the British Museum

図2●メソポタミア文明の楔形文字

図3●アメリカインディアンの絵文字（口絵2も参照）

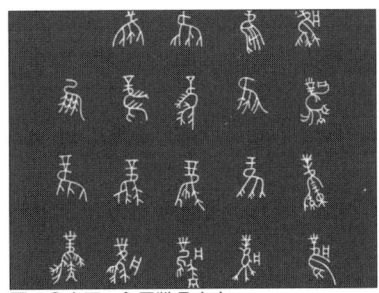

図4●中国の亀甲獣骨文字

※1　表意文字の中には漢字やヒエログリフのように意味を表すだけのものではないものもあり、最近ではそれらを表語文字として分類するようになってきています。

表意文字に対して、表音文字とは音を表す文字のことを言います。ひらがなやカタカナは表音文字であり、長い言葉を伝えるためには多くの文字を必要とします。日本語は、表音文字と表意文字を組み合わせることで、冗長すぎず柔軟でわかりやすい表現を可能にしています。このことは、表音文字のアルファベットだけで記述される英文と比較するとわかりやすいと思います(実際には英文の場合には空白で区切られた単語という固まりにより、習慣的認識から、ある程度表意文字として機能します)。

インタフェースとしての日本語の問題点

　情報伝達ツールとしての日本語の最大の欠点は、"結論が最後に来る"という語順の問題です。これは文章の末尾が"します"なのか"しません"なのかといった、わずかな言葉の違いによって、文章全体の意味が正反対(肯定と否定)になってしまうということです。このことはひとつの文の場合だけでなく、ひとまとまりの文章においても当てはまることであり、そのためビジネスの現場ではできるだけ短い文章で伝えたり、結論を前に出して伝えたりすることが推奨されています。
　それでは、ソフトウェアのインタフェース(入出力)に日本語の文字を利用する場合には、どのような問題が発生するのでしょうか。ひとつの問題として、表音文字であるひらがなやカナカナはその冗長性のため、ソフトウェアの操作やメッセージの読み取りなどで何度も繰り返される場合には、正確に読まれない(読み飛ばされたり、推測されたりする)ことも多いため、重要なメッセージを読み落としてしまう可能性があることが挙げられます。「3-3　操作の慣れ」で説明しますが、ユーザーはソフトウェアを繰り返し操作するうちに慣れが発生し、それに伴い、情報の確認がおろそかになっていきます(自分で書いた文章を校正したときに、細かい文字の間違いを見落とすのも同様の理由です)。この確認作業は漢字という表意文字であれば誤りにくくなりますが、ひらがなやカ

タカナという表音文字の場合には、無意識のうちに認識漏れが発生し、誤操作につながる可能性が出てきます。

　この問題に加えて、"結論が最後に来る"という日本語の欠点もユーザーへの正確な情報提供に影響します。例えば、次のような2つのメッセージを考えてみましょう。

メッセージ1：
「この処理では指定されたデータをクリアします。よろしいですか？」
メッセージ2：
「この処理では指定されたデータはクリアされません。よろしいですか？」

　この2つのメッセージに対するユーザーの処理が[はい]と[いいえ]の選択であった場合、日本語特有の問題点によって、ユーザーがソフトウェアを誤操作してしまう危険性があるのです。

　このことは、英文によるインタフェースの場合にはある程度軽減されます。英語のメッセージで否定の意味が含まれる場合には、文章の前の方で"not"などの文字の組み合わせで意味を認識できる言葉が登場することが多いためです。

　インタフェースにおける情報伝達方法として文字のみを利用した場合には、"読まなければ意味が理解できない"、"同じ色やサイズで表現されることが多く、直感的な認識が困難である"といった欠点が存在します。このような欠点を解消するために、文字を色分けしたり、"※"や"★"、"？"、"！"などの記号を利用したりする方法もありますが、その効果はそれほど大きいとは言い難く、やはり文字だけによるインタフェースには限界があると言わざるを得ません。

> **COLUMN　　　　　　　　速読術**
>
> 　大量の文章を短時間で読むための方法に速読術というものがあります。速読術には多くの方法がありますが、そのほとんどが文章の読み方を"文字を読むのではなく認識する"やり方(一種のパターン認識)に変えることにあります。代表的な方法としては、文章内の文字を1行ずつ追いかけるのではなく、ページ全体を"平面的に見る"ような感じで読み進めるやり方があります(技術の習得過程で、眼球運動の量を少なくするために視野を広げるトレーニングを行います)。このとき、表意文字である漢字を飛び飛びにチェックしながら読み進めることで速度を速めることができます。漢字または漢字を組み合わせた熟語は眺めるだけで意味を認識しやすいため、表音文字を読むよりもずっと短い時間で内容を理解することが可能です。つまり、漢字を形として認識することで全体の文意をとらえて、重要なポイント(末尾など)だけひらがなを読むという方法で速く読み進めることができるようになるのです。
>
> 　なお、日本語の速読よりも、英語の速読は困難だと言われています。これは、やはり表音文字であるアルファベットが影響していますが、それでも単語をイメージ化できるようになるに従って読む速度は速くなっていくそうです。

2-1-2　アイコンの利用とその効果

　ここまで、インタフェースとしての文字の問題点について説明してきました。これを解決する最も簡単な方法は、アイコンを利用することです。アイコンとは、ものや動作のイメージを象徴する小さな画像のことを言います。アイコンは、私たちが日常生活で利用するさまざまな機器において

も採用されています。

図5はよく見かけるオーディオの操作パネルです。この操作パネルでは、再生、停止、録音といった操作をアイコンによって表現しています。

図5●オーディオの操作パネルで使われているアイコン（口絵3も参照）

アイコンの最大の特徴は、色や形の異なる画像を利用することにより、情報の種類や操作内容を"直感的に"ユーザーに認識させる効果があるということです。また、文字だけが列挙されたインタフェースに比べると、全体にメリハリの効いた心地よいデザインを作り出すことができるというのもメリットのひとつと言えます。

コンピュータの世界でアイコンを使ったインタフェースは、1973年にゼロックスのパロアルト研究所（Palo Alto Research Center – PARC）で開発されたAlto（アルト）を経て、1984年に市販されたMacintoshというコンピュータで世の中にセンセーショナルに登場しました。なお、AltoやMacintoshでは、アイコンを利用したGUI OSと共に、マウスというインタフェース機器を採用しました（マウスはアイコンを利用したGUIと非常に相性がよいものです。これについては「3-1-2　認知的に見たマウスの効用」で説明します）。

ソフトウェアにおけるアイコンの用途は、大きく2つに分類できます。1つは情報伝達のマークとして利用する方法で、もう1つはユーザーの操作をリードするコントロールとして利用する方法です。次ページ**図6**は同じ情報を伝達するメッセージボックスで、上の図が文字だけで表示した場合、下の図がアイコンを利用した場合です。この2つの図を見比べると、

アイコンの存在によって、コンピュータが何をユーザーに要求しているかということを認識しやすくなっていることがわかります。

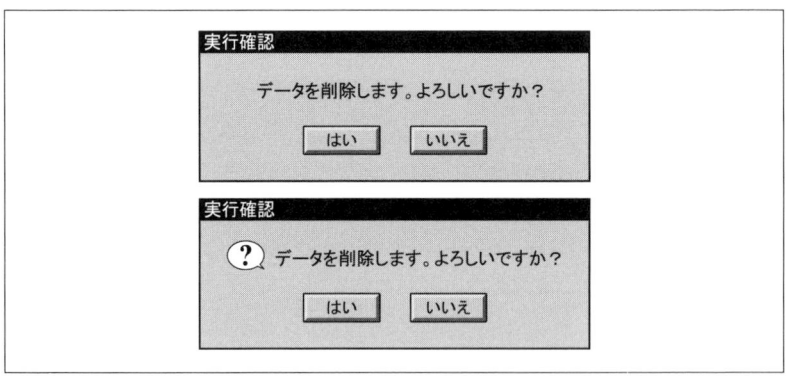

図6●文字だけのメッセージボックスとアイコンを利用したメッセージボックス

このように、メッセージボックスで頻繁に利用される「情報」、「注意」、「警告」、「問い合わせ」などのアイコン（**図7**）は、ユーザーが一目で直感的にそのメッセージがどのような意味を持つものであるかを伝達する役割を果たしています。

図7●「情報」、「注意」、「警告」、「問い合わせ」のアイコン

図8は、文字によるツールバーとアイコンによるツールバーのボタンです。この場合においても、アイコンを利用した効果は一目瞭然です。

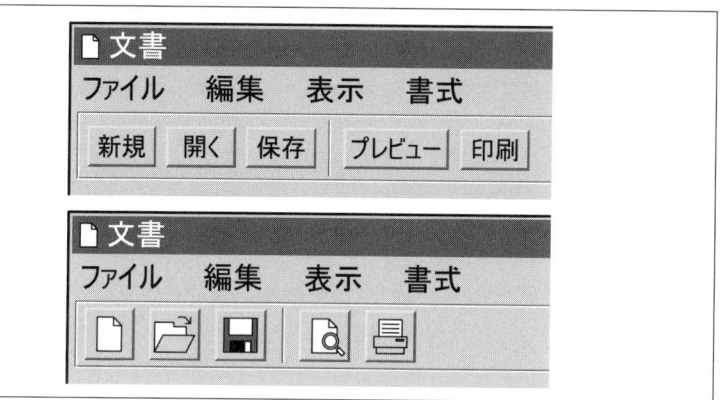

図8●文字だけのツールバー(上)とアイコンを利用したツールバー(下)

　ただし、アイコンにも欠点があります。それは、**図8**のツールバーからもわかるように、アイコンだけでは正確に情報を伝達することが困難であるということです。日常的に利用する表計算ソフトやワープロソフトなどのツールバーでも、アイコンで表現されているボタンの意味がわかりにくくて困惑することがあると思います。また、メッセージボックスでも、アイコンだけでは詳細なメッセージの内容を伝達することはできません。

　そのため、通常、アイコンはユーザーの認識を補助するための利用にとどめ、何らかの手段によって文字による情報を付加する必要があります。例えば、多くのソフトウェアではツールバーのボタンに、マウスカーソルをしばらく合わせておくと、ボタンの名称が表示されるようになっています(**図9**)。このようにして現れる文字列は、「ツールチップ」や「ツールヒント」などと呼ばれています。

図9●ボタンにマウスポインタを合わせるとボタンの名称が表示される

2-2 ものの形

　すべての"もの"には色と形の情報があります。ソフトウェアにおいても、ユーザーインタフェースというユーザーに提供する画面の構成要素として、さまざまな色と形で表される"もの"が配置されます。GUIで利用するコントロールやアイコンといった要素も、"もの"のひとつと言えます。
　この節では、"もの"の持つ形状とその効果について、認知心理学的な視点から検討してみましょう。

2-2-1 ものの形

　そもそも人間がものを視覚的に認知するということは、自分の持つ本能および経験によって、ものの持つ色と形の情報から意味や効果を識別することであると言えます。例えば、刃物のような金属の色をした鋭利な形のものは、それが本当には切れなくても（精巧に作られたプラスチックのおもちゃや、CGによる立体画像であっても）、切ることができる道具という心理的効果（例えば恐怖感）を無意識のうちに与えます。
　ものの形から受ける情報としては、まず見た瞬間に直感的に感じる情報が挙げられますが、これは人間が本質的に持っている感覚と経験によって培われた知識によるものです。次に、ものの形から判断される「アフォーダンス」というものがあります。「アフォーダンス」とは、ものがそれ自体の形状によって自らの動作や役割を表現しているということ（行為の可能性の表現）であり、このこともソフトウェアにおいて人間に優しいユーザーインタフェースを設計する上で、必ず理解しておかなければならない考え方です。

2-2-2 ものの形から受ける直感的な感覚

　形から得られる直感的な感覚は、人間の動物としての本能に影響しているものが多いと言われています。例えば、乳幼児は、お母さんのおっぱいやそれに直結する哺乳瓶など、丸みを帯びたものを欲する傾向があります。成人でありながら枕元にぬいぐるみを置いている場合には、幼児性を問われることも多くありますが、やはりぬいぐるみの形による心理的な安心感を欲していると言われています。逆に、ナイフの先などのような尖ったものを見ると、その形から受ける本能的な自己防衛のため、瞬時に体が緊張するはずです。

図1●丸みを帯びたぬいぐるみは安心させる効果がある。ナイフのような尖ったものの形は人を緊張させる

　古代中国からの思想である風水では、ものの形には意味があると考えられており、例えば先の尖ったものは攻撃性のあるものとして、不吉なものに分類されています。1997年の中国返還を直前に控えた香港では、この風水の考え方が引き起こした「風水戦争」と呼ばれた興味深い出来事がありました。

　ことの始まりは、1985年に建てられた「香港上海銀行（HSBC）」のビルでした（次ページ図2）。もともと香港では風水が盛んであり、建物や部屋などに取り入れることも多く、この香港上海銀行は、龍脈と呼ばれる山からの「気」を通すために、1階のフロアを空洞にして波打つ床にするなど、風水の考え方をふんだんに取り入れたものになっていました（図3）。

　風水戦争という呼び名が付いたのは、その後1990年に作られた「中国銀

行」がきっかけとなっています。この銀行の建物は**図4**のように先が尖っている攻撃的なものであり、刃先の一方は当時の英国政府の権力を象徴していた「総督府」に、もう一方は英国経済を象徴する「香港上海銀行」に向けられていました。その後、中国銀行の殺気を打ち消すために、ヤスリ型の「セントラルプラザビル（英国資本）」が登場するなど、建物の形を利用した一風変わった戦争は続いていったそうです。

図2●「香港上海銀行（HSBC）」の香港本店ビル

図3●「香港上海銀行」の香港本店ビル。1階は吹き抜けになっており、床がわずかに波打っている（口絵4も参照）

図4●風水戦争の舞台となった香港の「中国銀行」。建物の先が尖っている（口絵5も参照）

2-2-3 ディスプレイの表示から受ける感覚

　情報をコンピュータで視覚的に表現する際には、形に起因される感覚をきちんと理解しておかなければなりません。例えば、文字を表現するためのフォントについて考えてみると、新聞や雑誌を始めとする多くの印刷物では、主に本文書体として「明朝体」と呼ばれる系統のフォントを採用しています。明朝体とは、「セリフ」というひげの部分を持つ書体で、横線が細く、縦線が太いという特徴があります。楷書をベースとしたもので、メリハリのある形状が特徴的です。

　これに対して、一般的にディスプレイ上では「ゴシック体」と呼ばれるフォントが利用されています。ゴシック体は縦横の太さがほとんど変わらず、セリフも付いていません。印刷物に比べると圧倒的に解像度が低いディスプレイという出力媒体で明朝系のフォントを使用すると、文字のセリフが目に障り、メリハリを感じるよりも、目が疲れてしまうということが影響しているのかもしれません。つまり、セリフのあるフォントの形を表示するには、ディスプレイの解像度が不足しているということです。

　表1は、印刷物とディスプレイにおける2種類のフォントのサンプルです。この表を見てもわかるように、300dpi（dot per inch、1インチ当たりのドット数）以上の解像度を持つ印刷物と72〜96dpi程度のディスプレイとではまったく表現力が異なります。ディスプレイでは明朝系のフォントの持つ毛筆のようななめらかな味わいが、逆に攻撃的な形状として表現されてしまうため、ディスプレイではエッジの少ないゴシック体のフォントを利用することが一般的なのです。

	ディスプレイ（16ポイント）	印刷物
明朝体	文字フォント	文字フォント
ゴシック体	文字フォント	文字フォント

表1●ディスプレイと印刷物における明朝体、ゴシック体のフォントサンプル

> **COLUMN**　　　　**ディスプレイと紙**
>
> 　ディスプレイと紙では、そこに表現された文字情報を人間が正確にすばやく読み取るという点で、大きな違いがあります。ある実験では、ディスプレイの文字を読んだ場合、紙の文字を読む場合と比べて数十パーセントも読む速度が低下するという結果が出ました。また、別の実験では文章の校正(誤りを探すこと)結果を比較したところ、紙の方がディスプレイよりも何倍もの誤りを見つけることができたそうです。
>
> 　ディスプレイの場合、文字を読むときに光を直接目で見ることになりますが、紙の場合には光の反射で見ることになり、目の疲れ具合がまったく違うというのも、原因のひとつであると言われています。
>
> 　最近は電子書籍による出版物も増えてきていますが、バックライトによる液晶画面を採用した通常のスマートフォンやタブレットは、長時間の読書には不向きと言えます。そのため、AmazonのKindle Paperwhiteなどの読書を目的とした専用端末の一部では、バックライトを使用せずに高い視認性を持つ「電子ペーパー」を採用しています。

2-2-4　ソフトウェアにおける形の効果

　ここでソフトウェアにおける形の効果を例に示してみましょう。**図5**の3つの画面は、子ども用の架空のお絵かきソフトの画面サンプルです。このソフトウェアでは左端にペンや図形などを表すいくつかのボタンが用意されていますが、その形状はそれぞれ四角形、角丸の四角形、楕円形と異なるものになっています。

　ボタンが四角形のインタフェースに比べると、残りの2つのボタンを利用した画面では、印象が柔和になっていることが一目で感じられるはずです。そのため、このような子ども用のソフトウェアの場合には、円形を利

用したやわらかいデザインを採用することが望ましいと言えるでしょう。

　しかし、ビジネスで利用する業務用システムの場合には、円形を利用したデザインが逆に「安っぽく」、「正確性に欠ける」といったイメージを与えてしまうこともあり得るため、注意が必要です。どのような形状を主体としたデザインが最適であるかということは一概には言えませんが、インタフェースに利用する構成要素のひとつひとつに対する配慮が、ソフトウェア全体の品質に影響するということは理解しておく必要があるでしょう。

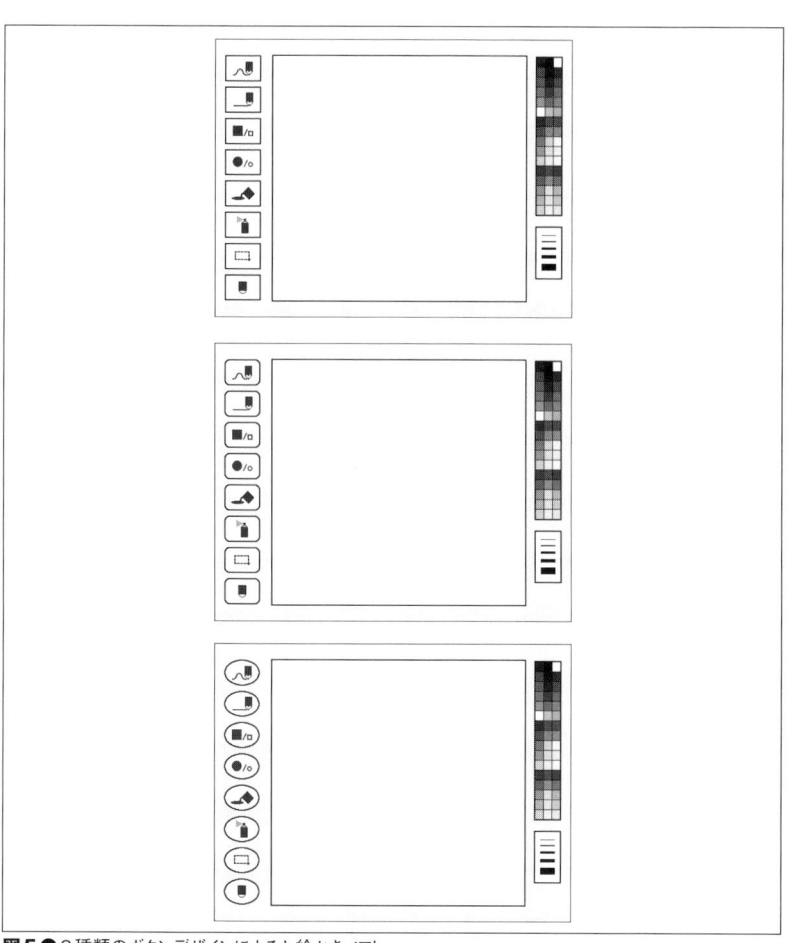

図5●3種類のボタンデザインによるお絵かきソフト

2-2-5 黄金比と安定するものの形

ものの形には人間が"安定している"と感じる比率があると言われています。それらのうち、最も代表的なものが「黄金比」や「黄金分割比」と呼ばれる「1：1.618……」という比率です。黄金比という言葉は、例えば食べ物や飲み物を最もおいしくできる成分の混合比を表す際の比喩として用いられることなどがあるように、既に私たちにとって日常でも使われる言葉になっています。

しかし本来の黄金比率とは、線をある点で分割するときに、小さい部分と大きい部分の比率が大きい部分と全体の比率に等しくなる割合のことを言います(**図6**)。また、このような分割方法を「黄金分割」と言います。

例えば、**図6**の線分では、AC=1でBC=1.618ですが、AB=1+1.618=2.618であるため、BC：ABの比率もまた1.618：2.618=1：1.618になります。そして、このような黄金比(1：1.618)を使用した長方形は「黄金比長方形」や「黄金矩形」と呼ばれ、安定する形のひとつと言われているのです(**図7**)。

この黄金比は、古代ギリシアの時代からさまざまな建築物に利用されています。例えば、クフ王によって建築されたギザのピラミッドは、高さが146mに対して、底辺の長さが230mとなっています(**図8**)。これは1：1.575

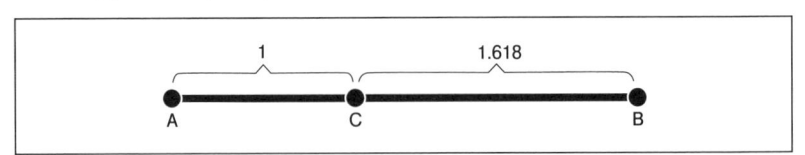

図6●線ABを黄金比で分割する点C

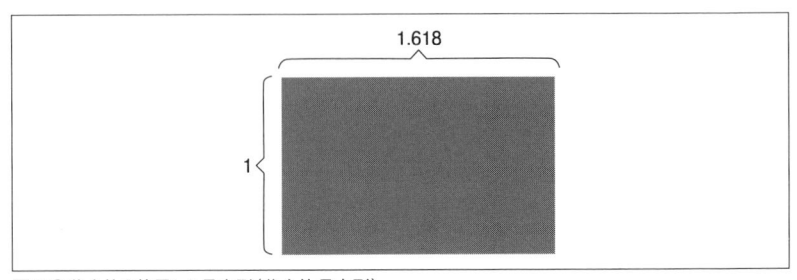

図7●黄金比を使用した長方形(黄金比長方形)

とほぼ黄金比率になっています。ピラミッドのあの落ち着いた、たたずまいも、黄金比による安定した形の美しさが影響しているのでしょう。さらには、自然界の動植物にもこの比率が多く確認されています。例えば、人間のスタイルの良さの条件として、8頭身という言葉が用いられることが多くありますが、実はこれも人間の全身を8等分して、頭からへそまでとへそから足元までを3：5という黄金比率に近い比率（1：1.6）で分割されていることを表しているのです。

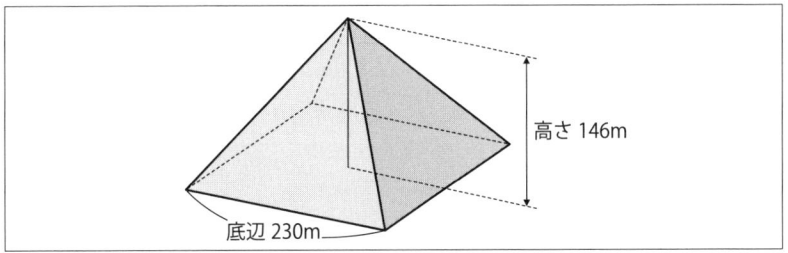

図8●クフ王のピラミッドは黄金比になっている

COLUMN　黄金比率の算出方法

　黄金比率は、数式から求めることができます。ここでは、実際に「1：1.618…」という黄金比率の値を算出してみましょう。黄金比率を求めるためには、図6の線におけるACを1としたときにBCの値を求めればよいことになります。

　ここでBCをxとすると、ACとBCの比率、すなわち1：xがBCとAC+BCの比率になるということなので、1：x＝x：$(1+x)$となります。この比から$1 \times (1+x) = x^2$という数式ができ、これを整理すると、$x^2 - x - 1 = 0$になります。ここから、

$$x = \frac{1+\sqrt{5}}{2}$$

つまり、$x=1.618033989…$という値が求められます。

これら以外にも、黄金比は安定するものの形として、クレジットカードやキャッシュカード、名刺、トランプといった私たちの日常生活におけるさまざまなものに見受けられます。ちなみにクレジットカードやキャッシュカードのサイズは、世界共通の規格として、85.6mm×54.0mm（1.585：1）に定められているそうです。

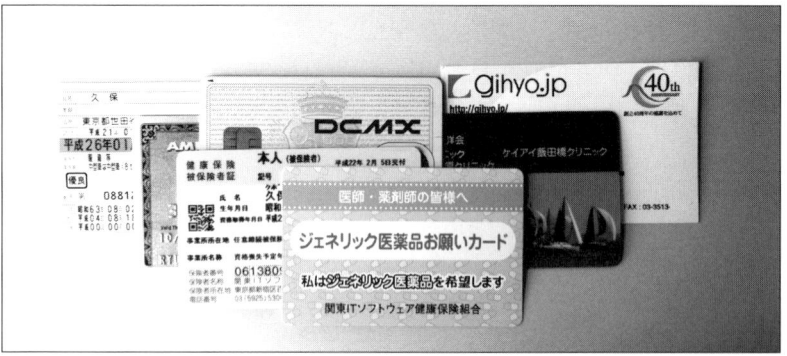

図9●クレジットカードやキャッシュカード、トランプといった身近なところに黄金比は使われている

COLUMN　　　　フィボナッチ数列

フィボナッチ数列とは、次のように前の2つの数を加算した値を並べた数列のことです。

　1　1　2　3　5　8　13　21　34　55　89　…

このフィボナッチ数列からも、おおよその黄金比率を求めることができます。

ここで、数列から隣接する2つの値を取得して、その比率を計算してみましょう。例えば、10番目と11番目の数値は、55：89＝1：1.6181818になり、ほぼ黄金比率に近似した値が得られることがわかります。さらに、24番目と25番目の値である46368と75025からは、有効数値10桁の値が黄金比率と一致する1.618033989という数値を得ることができるのです。

2-2-6 その他の調和の形

　他にも、人間が心理的に安定していると感じる形があります。そのような形のうち最も代表的なものとして正方形が挙げられます。また、2：1の比率を持つ長方形も安定した形状として認識されます（**図10**）。

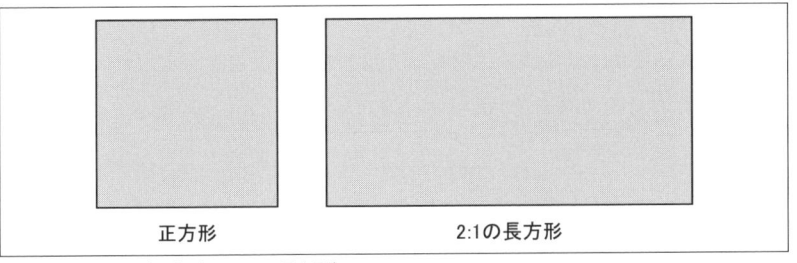

正方形　　　　　2：1の長方形

図10●調和の形（正方形と2：1の長方形）

　これらの形以外に、五角形も安定した形と言われています。例えば、函館にある五稜郭は江戸末期に作られた城郭として有名ですが、この形状はその名からもわかるように五角形（星形）になっています。また、家紋に五角形を使ったデザインが用いられることがありますが、自らの家系を表す紋章としてこういった五角形の形状が多く採り入れられているというのも、その調和のとれた形状が人間に安心感を与えることが影響しているのかもしれません。

図11●五角形をした五稜郭（口絵6も参照）

COLUMN　安倍晴明と五芒星

　平安時代の陰陽師である安倍晴明は、万物は木、火、土、金、水の5種類の元素から構成されているという五行思想の象徴として、「晴明桔梗印」という五芒星の家紋を用いました。

　この五芒星は、星を表す図形として描かれることも多いですが、現在でも数多くの占術や魔術のシンボルとして使われています。

　そして、この五芒星を正確に描くと、AとB、CとA、DとCの比率が黄金比になります。このように黄金比を多く含むというのも五芒星の大きな特徴と言えます。

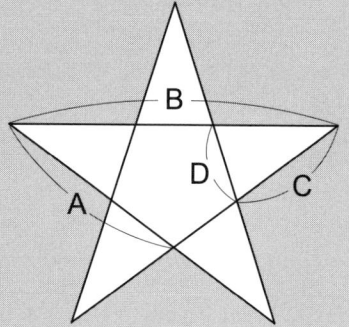

2-2-7　アフォーダンス　ものの形が生み出す効果

星新一氏のショートショートに「ひとつの装置」という話があります(新潮文庫『妖精配給会社』に収録)。それは、ある研究者が大金をかけて作り上げた何とも変わった装置の話です。この小説のあらすじは、以下のようなものです。

> ある研究所の所長が自分の資産と莫大な予算を使って、作り上げた機械。それは金属製のポストのような形状であった。その機械には、中央に"でべそ"のような形状の"大きなボタン"が付いていたが、所長は「これは何もしない装置です」という説明をするばかり。そして、その変わった装置が何の役に立つのかを説明しないまま、所長は世を去ってしまった。
> 　都会の広場に設置されたその謎の装置は、誰もがその大きなボタンを押したくなるが、押しても装置に付いている腕がボタンを元に戻すだけで何事も起こらない。誰もが広場に来るたびに、気になってそのボタンを押すが、いつまでたっても同じ動作をするだけ。所長はいったいこの装置を何のために作り上げたのか。

星新一氏ならではの何とも言えない結末に妙な余韻があるお話でした。ここで面白いのは、小説の中で誰もがこのボタンを押してみたいという衝動にかられ、ただボタンを戻すという動作しかしないとわかっていながらも、次々にボタンを押していくシーンです。おそらく、このショートショートを読んだ読者も、広場に置かれたこの装置を思い浮かべるだけで、やはりそこにあるボタンを押してみたいという衝動が起きるのではないでしょうか。もちろん、それがこの小説の面白さであり、結末への興味につながっていきます。

さて、ここでボタンというものの形から得られる特殊な認知効果について考えてみましょう。小さなお子さんのいる家庭であれば、部屋中のボタ

ンやスイッチを片っ端から押されて困り果ててしまったという経験があるのではないでしょうか。これは、ボタンの形状自体が"押すことで動作する"という自らの操作方法を表しているため、子どもたちはボタンの形を見ただけで、「これを押せば、何か楽しいことが起きるのかもしれない」ということを期待してしまうのです。ここで紹介した「ひとつの装置」の話の中でも、「出っ張った物を見ると、押したくなるのは、人間の心にひそむ本能かもしれない」との一文があります。

このようなものの形による情報から提供される動作のことを、認知心理学の用語で「アフォーダンス(affordance)」と言います。例えば、いすはその形自体がそこに座って使うということをアフォード(生み出し)し、ドアノブは回して使うことをアフォードしています。

このアフォーダンスをうまく利用して設計された道具は、ユーザーが「その操作方法を自然と推測できる」ようになり、誰にとっても使いやすいものになります。逆にアフォーダンスに反するデザインを採用してしまうと、「操作方法がまったく思いつかなかった」ことになり、当然のことですが使いにくい道具(場合によってはまったく動作しない道具)になってしまうわけです。

ここで、日常生活で誰もが経験するいくつかの例を紹介しましょう。**図13**のドアノブは、その自らの形状によって、「ノブを回して引く(また

図12●いすはその形自体が座って利用することを示している

図13●ドアノブはその形によって、自らの操作方法を示している

は押す)ことでドアを開けられる」という操作方法を示しています。このことにより、誰でも何の説明もなしにこのドアを利用することができるようになります。このドアを利用するために、わざわざマニュアルを読み始める必要はありません。

　ただし、アフォーダンスがわかりやすいものであればあるほど、それに反する動作が要求される場合には、「ユーザーがドアが開かないと思い込む結果」になってしまうということに注意しなければなりません。

　よくあるケースとしては、「取っ手のないドア＝自動ドア」であるという先入観を持って操作しようとした場合です。実は一見取っ手に見えない取っ手があるにもかかわらず、「取っ手がないから自動ドアだ」と思い込み、ドアの前で立ち往生してしまったというのは、誰もが一度は経験していることではないでしょうか(**図14**)。また、横にスライドするドアであるにも関わらず、開き戸(手前に引いて開けるドア)であることをアフォードしたデザインのドアに困惑された経験を持つ方も少なくないと思います(**図15**)。これらのデザインは、そのものの形から得られるアフォーダンスが逆の効果を引き起こしてしまっているわけです。

図14●自動ドアだと思ったのに……　　　図15●開け方がわからないドア

2-2-8 ものの形がもたらす効果

　形から直感的に得られる情報は、第一印象を左右することから、ものが提供する価値につながることがあります。例えば、図16にある2つの顕微鏡を見比べてみてください。この2つの顕微鏡は似たようなパーツで構成されていますが、左側のものは全体が丸み帯びており、その視覚的な中心軸が曲線になっています。これに対して、右側の顕微鏡は直線的なパーツのみで構成されていて、まっすぐに視覚的な中心軸が作られていることがわかります。こういったデザインの違いにより、右側の顕微鏡は左側の顕微鏡に比べて、精密性の高い機器であるという印象を与えています。つまり、右側の顕微鏡は、そのデザイン効果によって、製品としての価値を高めることに成功しているというわけです。

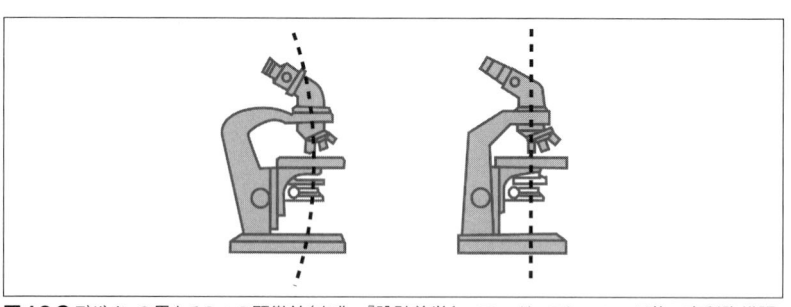

図16●デザインの異なる2つの顕微鏡(出典:『設計美学』、フレッド・アシュフォード著、高梨隆雄訳、ダヴィッド社、1982年)

2-2-9 錯視効果

　ものの形の認知的効果の例として有名なものに、錯視効果というものがあります。図17に描かれている1つの円と2つの四角形は、実際には円と四角形はまったく同じ大きさ(高さと幅)で描かれていますが、一見すると円だけが少し小さく見えるはずです。円はその丸みを持った形状のため、錯視効果により、同じ大きさの四角形と並べると、一回り小さく見えてしまうという特徴があります。そのため、このように異なる形状を持つ図形を整然と並べる際には、少しだけ円を大きく描くことでバランス良く見せ

ることができます。

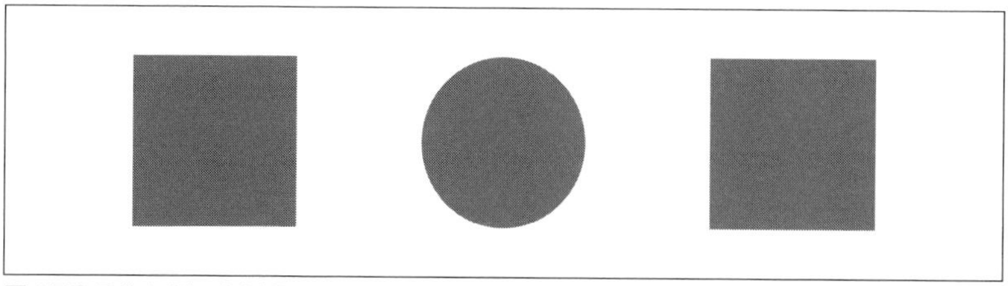

図17 ●円だけが少し小さく見えるが、実際には同じサイズで描かれている

　このようなことは、例えば雑誌や書籍、カタログなどを制作するエディトリアルデザイナであれば、形の異なるものをバランスよく整列する方法として一般的に考慮していることです（もちろん、厳密な円と四角形ではなく、これらの形状に類似したものであれば同様の現象が発生するため、珍しいケースではありません）。

　ソフトウェアの画面においても、このようなケースは珍しくありません。例えば、円と四角形を基本とした形のアイコンを整列したときに、円のアイコンだけが小さく見えてしまうということが考えられます。そのような場合には、円を利用したアイコンを少しだけ大きくしておくことで、全体をバランスよく見せることができます。

　ここで、もうひとつ変わった錯視の例を紹介します。次ページ**図18**に、2つの机を描いた図があります。この2つの机の天板（四角形の部分）が実は同じ形であると言われても、すぐには信じられないのではないでしょうか。薄く透ける紙を利用して、2つの四角形を書き写して比べてみると、まったく同一の四角形であることを確認できるはずです。しかし、そのようにして、2つの図形がまったく同じものであると認識してから、再度2つの図形を見直してみても、やはり違う形状にしか見えません。

　なぜ、このようなことが起きるのでしょうか。

　ここには、コンピュータのディスプレイ上にものを表現する際の重要なキーワードが隠されています。つまり、人間の目は3次元空間を見るために作られていますが、ディスプレイや書籍の紙は平面であり、かつ架空の3次元空間であるということが影響しているのです。これらの2つの机は、

平面上に描かれたものですが、人間の目が机の脚などによる奥行きの表現によって、"3次元空間における物体である"と知覚してしまい、空間上における机の面として錯視してしまうのです。この錯覚はいわば人間の目にとっては当たり前の行為であるために、いくら平面図を見ていると認識し直そうとしても、奥行の表現によって、擬似的な立体画像ととらえてしまい、どうしても知覚を修正することができないのです。

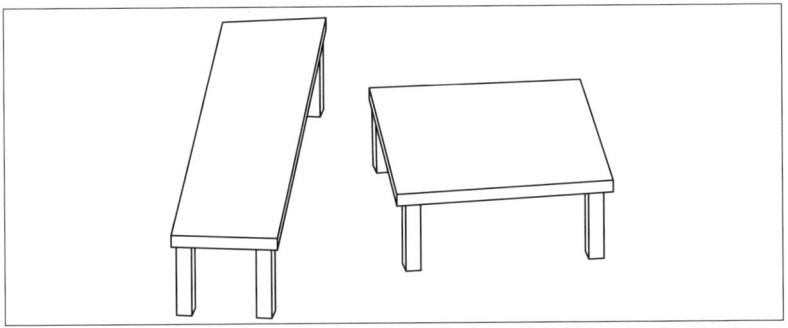

図18●向きの異なる2つの机。平面図形としての四角形の形状はまったく同一のものである（出典：『視覚のトリック　だまし絵が語る＜見る＞しくみ』、R・N・シェパード著、鈴木光太郎・芳賀康朗訳、新曜社、1993年）

COLUMN　セザンヌと2次元の表現

　セザンヌ（1839年〜1906年）は、見たものを2次元空間に表現することの限界を逆手にとって、色や形を単純化し、ものを幾何学的に配置するという独特の手法により造形的絵画描写の基礎を築き、現代絵画への道筋を大きく開拓した画家です。もともとはモネやルノワールとともに印象派の画家のひとりとして活動していましたが、その後独自の画風を確立し、ゴッホ、ゴーギャンと並び、ポスト印象派と呼ばれるようになりました。

　なお、セザンヌは後年、後進の画家たちに「自然を円筒、球、円錐として捉えよ」という言葉を贈ったそうです。この言葉からも、セザンヌは見たものの存在感をありのままキャンバスに表現するのではなく、独自の感性で2次元空間に映し出したということがわかります。

2-3 認知の向きと方向

　私たちは日常生活の中で、"見る"という行為によって、周りの情報を取得しています。このごく自然に行っている私たちの"見る"という行為は、実際には非常に複雑な認知活動であり、その活動内容は私たち人間の生物的な特徴にも影響を受けています。

　この節では、人間の視覚による認知の特徴と、平面の情報を認知する場合における上下左右の認知の順番について説明します。そして、そのような順序がさまざまな機器やソフトウェアのインタフェースにどのような影響を与えているのかということを考えてみましょう。

2-3-1　人間の視覚による水平と垂直の違い

　トンボは複眼と言われる数万個もの目によって後方も警戒できるようになっています。水面を泳ぐミズスマシは4つの目[※1]を持ち、そのうち上に付いている2つの目で空からの攻撃に備えています。このように、地球上の生き物は、その生活範囲や敵から身を守るために適した"目"を装備しています。もちろん、このような目の機能については人間も同様です。私たちは一般的に上(空)や下(地面)からの攻撃に気を配る必要はありません。

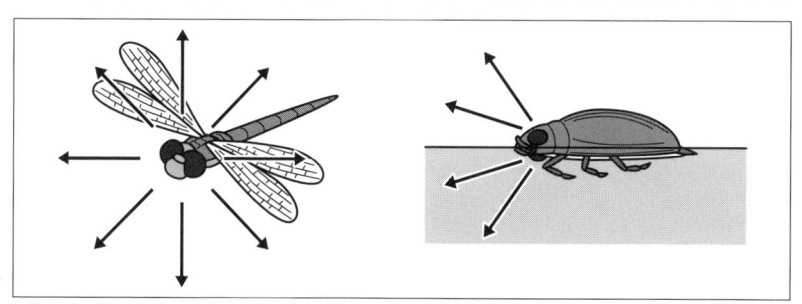

図1●さまざまな目(トンボ、ミズスマシ)

※1　ミズスマシの目は実際には2つだけですが、空中と水中を同時に見ることができるように背と腹に仕切られており、一見すると4つの目があるように見えます。

人間の活動空間は水平が基本であり、上空からの攻撃を警戒する必要もないため、私たちの目はその空間内で生活するのに適した、水平方向に強く、垂直方向に弱いという特徴を備えているのです。

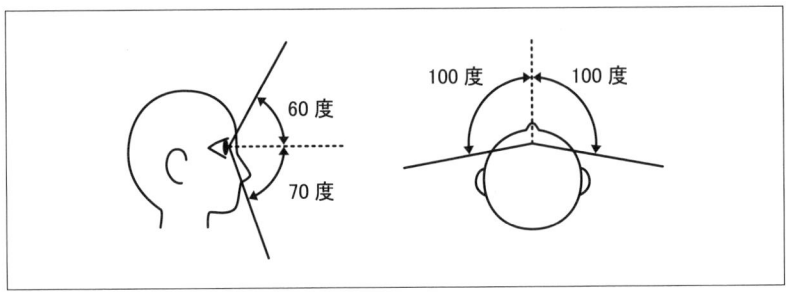

図2●人間の目は上方向に約60度、下方向に約70度、左右に約100度の視野を持つ

　この人間の目の特徴は、実際には多くのことに影響を与えています。例えば、私たちが日常的に読み書きする文字が縦書きから横書きに推移してきているのも、無関係ではないのかもしれません。私たちが文字を認知する際には、縦書きの文字を判断する際の認知処理の方が横書きの文字を判断するよりも困難であると言われています。これは、人間の眼球の動きやすさの方向から考えると当然のことであると言えます。

　この特性は、私たちが利用する機器やソフトウェアのインタフェースにとっても重要なものとなります。例えば、テレビの画面や映画館のスクリーンの比率は、人間の特性に合わせて設定されています。アナログ放送時代のテレビ画面は縦横比が4：3（約1.33：1）でしたが、デジタル放送になり、現在は16：9（約1.78：1）という比率になっています。この比率に変更された理由は、人間の目には4：3よりも16：9の方が適しているという研究成果によるものです。ちなみに、映画館のスクリーンは、アメリカンビスタ（いわゆるビスタサイズ）という1.85：1の比率になっており、これはほぼワイドサイズのテレビと同じ比率と言えます（その他にもヨーロピアンビスタという1.66：1の比率も使われていますが、日本の映画館のほとんどはアメリカンビスタです）。

図3 ●テレビ画面の比率は4：3から16：9に変化した

　ここで、人間の目が左右方向の動きに適しているというひとつの例を挙げてみましょう。**図4**は「人間の視覚による水平と垂直の違い」という文章を左右に反転した鏡文字と、上下に反転した逆さ文字と呼ばれるものです。この2つの文章を読もうとすると、鏡文字の方は比較的スムーズに読めますが、逆さ文字の方は脳内で1文字ずつイメージを反転するという作業が加わり、鏡文字より読むのが困難なはずです。この例では、文章の中に「人間」や「水平」といった左右対称の文字が多いことも影響していますが、ひらがなや「視」、「違」といった文字についても鏡文字の方が読みやすいことがわかります。

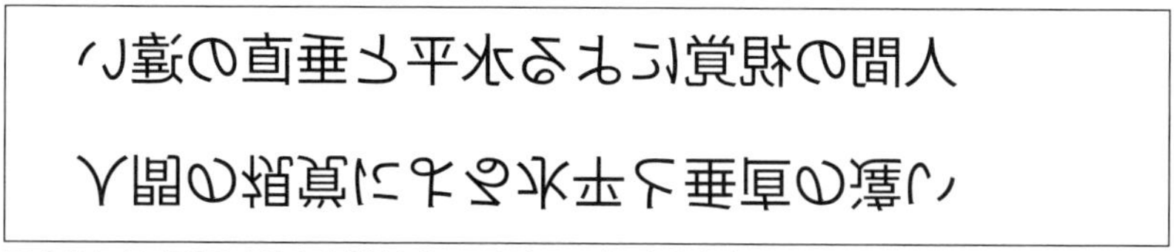

図4 ●左右に反転した鏡文字（上）と上下に反転した逆さ文字（下）

　こういった現象は文字だけでなく映像についても同様で、上下反転した映像からは元のイメージをつかみにくいものです。このように、私たちの認知機能は左右に比べて上下方向にはとても弱いのです。

2-3-2　上と下の意味

　ものを整列する場合において、上下の序列は少し特殊と言えます。例えば、日常生活においてよく見かける上下の序列としては、エレベータの階

数ボタンが挙げられます。一般的なエレベータの階数ボタンは、下から1階、2階と、上に行くにしたがって数字(階数)が増えていきます(**図5**写真左)。これは、操作パネルが垂直に設置されていることから、ユーザーが実際の建物の階数とボタンの位置を「マッピング」(Mapping:対応付け)して認識するであろうことを想定しているのです。逆に、**図5**の写真右のように、エレベータのボタンが上から1、2……と並んでいたら、やはり違和感がありそうです。同様に、テレビやオーディオの音量表示を上下のバーで表現した場合には、下から上にバーが伸びていくようなインタフェースデザインが一般的です。

図5 ●エレベータの階数ボタン(写真右は修整してボタンの順番を逆にしたもの)

　それでは、駅などにあるロッカーの番号はどのようになっているでしょうか。この場合には、エレベータのボタンとは逆に、**図6**のように上から数字が並んでいます。このように上下に配置される数字は、通常上からの並び順になることが一般的です。しかし、前述のエレベータでは、上からものを数えるという感覚よりも、操作パネルのボタンと建物の階数のマッピングの方が強く認識されるため、下から順に設定されているというわけです。ソフトウェアのインタフェースの場合もロッカーと同様で、通常は上から順番に整列させることがほとんどです。

図6●ロッカーの番号は上から付けられている

COLUMN　オバケだぞー

　子どもの頃、誰もが一度は懐中電灯で顔の下から光を当てて、「オバケだぞー」などと言って、友だちを驚かせた経験があるのではないかと思います。当たり前のようにやっていた遊びですが、それでは懐中電灯の光を下からではなく、上から当てた場合にはどのように見えるでしょうか。

　実は、懐中電灯の光を上から当てても、まったく怖くは見えないのです。私たちは普段上から太陽の光を浴びる（または蛍光灯の光を受ける）姿が当たり前であり、そのように光が当たっている光景は日常的なものであるからです。しかし、下から光が当たった場合には顔に日常的にあり得ない陰影が現れるため、怖く感じるというわけです。本当に、人間の目と脳の働きというものは不思議なものです。

2-3-3　左と右の意味

　左と右の考え方は、簡単なようで実際にはとても難しいものです。私たちは、一般的に左右は対等のものと考えるかもしれません。しかし、実際には無意識のうちに左右に序列を付けているのです。

　ここで、ひとつの実験をしてみましょう。適当な紙に立方体を描いてみてください。おそらく大多数の方が描いた図形は、**図7**のAのように左前から右奥に広がった形状の図形になっているはずです。まれに、Bのような図形を描く方もいるようですが、Cのような逆向き（右前から左奥の形状）の図形を描く方はほとんどいないはずです（神奈川工科大学の五百蔵先生に協力していただいた実験では、27名の学生において、Aが20名、Bが7名、Cは0名でした）。

　これは、人間がものを認識する際に、基本的に左から右に行うことが多いのが理由になっていると考えられます。

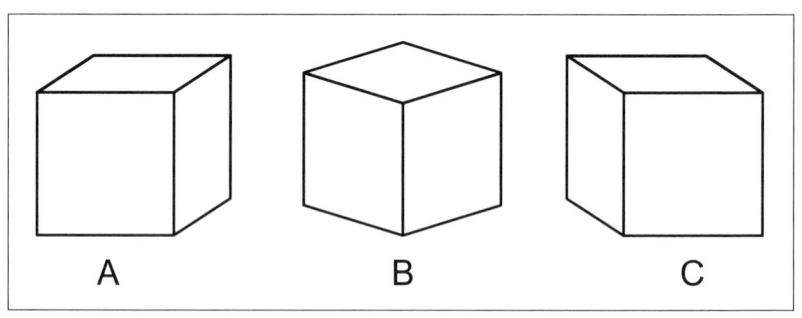

図7●3つの立方体

COLUMN　ネッカーキューブ

　ここで紹介した立方体の描画と同様な実験に、「ネッカーキューブ」と呼ばれる図形による知覚実験があります。この実験は、12本の直線で描かれたネッカーキューブという図形がどのように認識されるのかをテストするものです。

　実際にやってみると、最初は立方体Aのように見えるはずですが、しばらく見続けているうちに立方体Bとして見えるようになってくるはずです。ここでのポイントは、同時に2つの立方体として認知することはない（脳がどちらか1つに決めようとする）という点にあります。

　ここで紹介したネッカーキューブのように、複数の解釈が可能な図形は「多義図形」と呼ばれています（2通りのみの図形は「両義図形」とも言います）。

　このような平面に描かれた直線だけでも、私たちの脳は自分ではコントロールできないほど、不思議な認知活動を行っているというわけです。

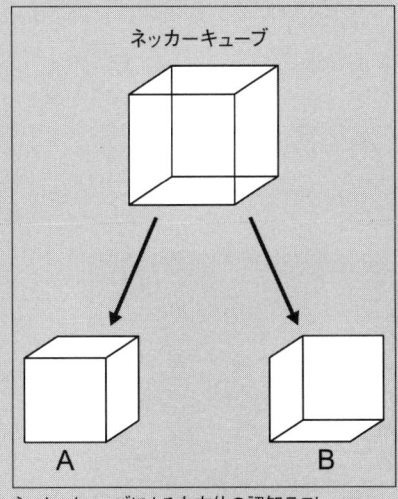

ネッカーキューブによる立方体の認知テスト

さて、先ほどの実験からもわかるように、私たちが通常"もの"を見るときは、自然と左から右に向かって認知しています。例えば、**図8**のようなイラストでリンゴの数を数えるときには、左から数える方が一般的です。

図8●リンゴは何個?

このような人間の認知的な特徴は、さまざまな機器においても当たり前のようにインタフェースとして利用されています。例えば、オーディオの操作パネルでは、再生ボタンのマーク（アイコン）として、ほとんどの場合、右向きの三角形が採用されています（**図9**）。また、巻き戻しボタンのマークは左向きであり、早送りボタンのマークは右向きです。そして、再生ボタンと停止ボタンの配置順は、左が再生ボタンで、右に停止ボタンが配置されています。これは、最初に再生し、その後で停止するという行為の順番を左右の序列と一致させているのです。ソフトウェアにおいても、処理の進捗を表現するプログレスバーは左から右に進行するようにデザインされています（**図10**）。

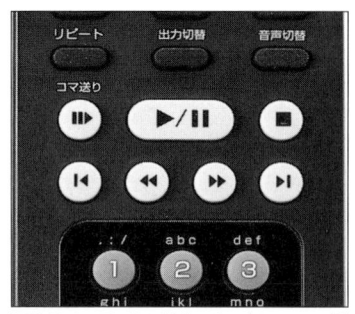

図9●オーディオの操作パネル（リモコンの例）

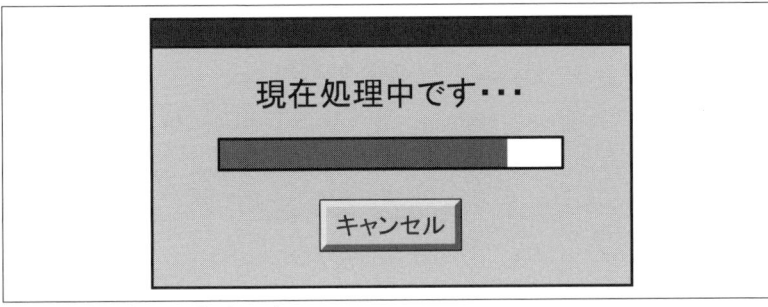

図10●進捗を表現するプログレスバー

　このように行為の順番を一致させようとしたボタンの配置は、ときにはユーザーの操作ミスを誘発することがあります。例えば、エレベータでは、**図11**のように[開く]ボタンは左に、[閉じる]ボタンは右にあり、エレベータの中に乗っているときには、開くと閉じるのボタンの配置と行為の順番が一致しています。ところが、最初にエレベータに乗り込んだときには、[開く]ボタンではなく[閉じる]ボタンを押すことになります。このとき、開くと閉じるの序列が入れ替わるため、エレベータの開閉ボタンは操作ミスをしやすいのです(これは「開」と「閉」という文字が似ていることも原因のひとつなのでしょう。そのため、最近は「<｜>」と「>｜<」が一般的になってきました)。

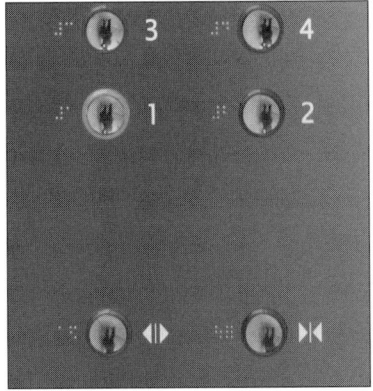

図11●エレベータの[開く]ボタンと[閉じる]ボタンの比較（口絵7も参照）

COLUMN　ゲームソフトのマップデザイン

　画面上に描かれているマップを自由に移動するタイプのゲームでは、ユーザーを迷わすような複雑なマップが登場することがあります。このようなマップをデザインする際にも、人間の認知を前提として行うことが一般的です。

　例えば、ゲーム中に4本の分かれ道が現れると仮定してみましょう。このような分かれ道の場合、一般的にユーザーは左側の道から探索を始めることが多いのです。

　そのため、人間の認知を想定したマップデザインとしては、正解の通路を右の方にしておくことが理想的と言えます（そのようにすることで、ユーザーがすぐに正解のルートを選択することが少なくなります）。

　右から2番目が正解ルートになっている場合には、右端のルートにユーザーが行かないことも考えられるため、もしかしたらちょっとだけ良いアイテム（ごほうび）が置かれているかもしれません。

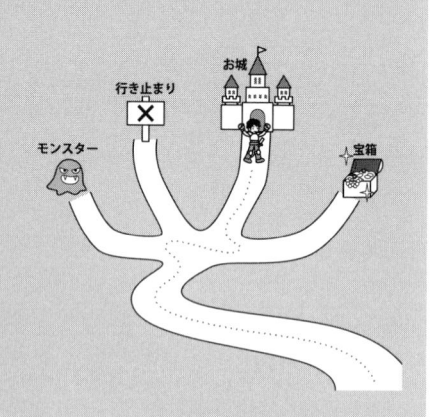

COLUMN 温水と冷水

キッチンや洗面所などでは、温水と冷水が出るようになっている蛇口が増えてきました。このような蛇口では、基本的に左が温水で、右側が冷水にするということが国際的なルールとして取り決められています。確かに海外に旅行した際に、水を使うつもりでいつも通りに右側の蛇口を回したら、熱湯が出てきたというのでは火傷をしてしまいます。やはり、万国共通のルールは必要と言えるでしょう。

また、左右の序列とは関係ありませんが、多くの蛇口では温水は赤、冷水は青による色分けを行うことで、直感的に温水と冷水が認識できるようになっています。これも大切な安全対策のひとつであり、このような決まりごとを作るというのもインタフェースデザインにおいては重要なことと言えます。

ウォーターサーバーも、左（赤）が熱湯、右（青）が冷水になっている（口絵8も参照）

温水が左（赤）、冷水が右（青）

COLUMN　Z型視線とF型視線

広告業界で利用される言葉に「Z型視線」というものがあります。これは、広告などを見るときに、ちょうどZ字を描くように視線が移動することを指す言葉です。つまり、チラシやパンフレットなどで目立たせたい重要な商品は、左上に配置するとよいということになります。これに対して、ホームページ制作で使われる言葉が「F型視線」です。これは人間がホームページでコンテンツの情報を探索する場合には、F字を描くように視線が動くことを表しています。ただし、F型視線に関しては、現在のホームページの一般的なデザイン構成による影響も大きいと言えます。

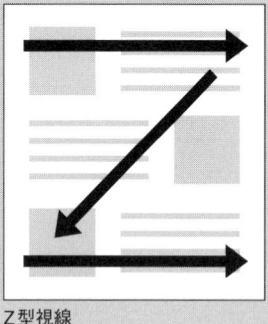

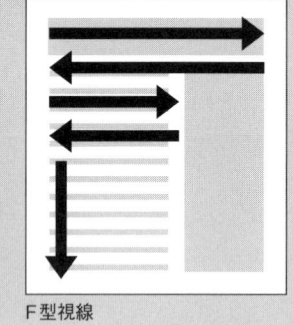

Z型視線　　F型視線

2-3-4　右回りか？左回りか？

　ここまでは、縦方向（上下）と横方向（左右）におけるインタフェース上の認知について説明してきました。最後に、円（回転）の認知について考えてみましょう。

　円形といってもあまりイメージできるものはないかもしれません。しかし、実際にはいろいろな場面で利用されているものです。例えば、自動車のメーターは、一部が欠けた円の形状で右回りになっているものが一般的です（図12）。操作用のインタフェースとしては、オーディオの音

量調節用の円形のつまみは代表的な使用例と言えます（図13）。

円グラフも、数値の大きい順や項目番号順に右回りに割り当てていくことが一般的です（図14）。

図12●自動車のメーター

図13●音量調節用のつまみ

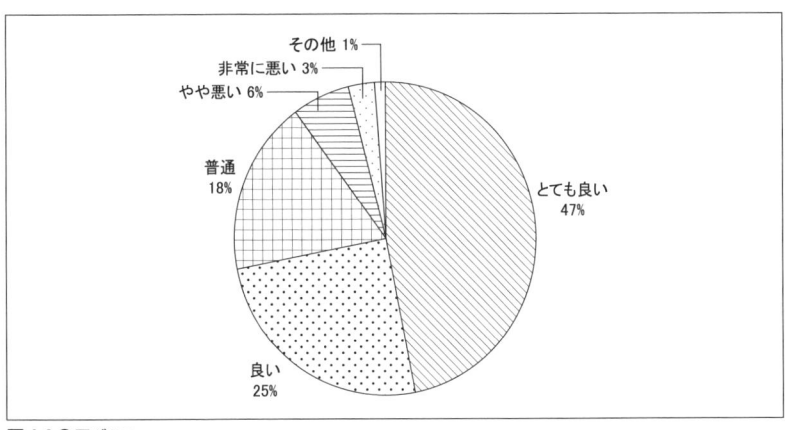

図14●円グラフ

このような円形のインタフェースは、直線上に表現するよりも見栄えがよく、アクセントの効いたものであると言えます。なお、オーディオや自動車のメーターは、円形にすることによってデザイン上のアクセントを効かせながら、メーターの開始位置を左下に設定することで、左が小さく右が大きいという左右の認知も取り入れた優れたデザインになっています。

COLUMN　時計の針

　身近なもので右回りと言えば、時計の針のことを思い浮かべる人が多いのではないでしょうか。それでは、なぜ時計の針は右回りなのでしょうか。

　古代エジプトでは、神殿にオベリスク（方尖柱）と呼ばれる石柱を建造していました。オベリスクは日時計の役割も果たし、柱に照らされた太陽の光によって長い影ができ、その影の位置や長さによって、おおよその時間や季節を知ることができたそうです。その後、他の文明圏においても、時刻を知ることを目的とした日時計が用いられるようになりました。

　この頃の文明圏はすべて地球の北半球に存在していたため、これらの日時計はすべて右回りに針を進めるものになっていました。これが現代の時計の針が右回りになっている理由だとされています。

　最初の古代文明が南半球のどこかの都市で栄えていたとしたら、もしかしたら現在の時計の針はすべて左回りになっていたのかもしれません。

オベリスク（方尖柱）は日時計としても使われていた
©Yumi Danno

2-4 色

「2-2 ものの形」では、ものの形から人間が受け取る情報について説明しました。人間がものから受け取るもうひとつの情報に、「色」があります。この節では、ものの色についてのさまざまな事柄を紹介します。

2-4-1 色の属性

「色」とは、波長が異なる光を人間の視覚（色覚）が認知するものです。理論的には色の種類は無限に存在することになりますが、私たちは日常生活の中で代表的な色に固有の名前を付けて呼び分けています。例えば、赤という色だけでも、朱色、あかね色、えんじ色、あずき色、緋色といった具合に、列挙しきれないほどの呼び名が存在し、それぞれが違った"色"を持っています。ここでは、まず色というものを理解する上で必要となる「色の三属性」について整理しておきたいと思います。

私たちが色を説明する場合には、どのような言い方をするでしょうか。最もよく使われるのが、赤や青といった色合いの違いです。この色合いのことを「色相」と言います。そして、同じ赤や青の中でも、"明るい"や"暗い"、"鮮やかな"、"くすんだ"という言い方をすることがあるはずです。このときの"明るい"や"暗い"を表す値を「明度」と言い、"鮮やか"や"くすんだ"を表す値を「彩度」と言います。この「色相」、「明度」、「彩度」を「色の三属性」と言い、この3つの属性によって、すべての色を定義することができるのです。それぞれの色相の中で、彩度の最も高い色が「純色」と呼ばれる色になります。

色相 色合い。青や赤のように区別される。
明度 色の明るさ。明度が高いと白っぽくなり、明度が低いと黒っぽくなる。
彩度 色の鮮やかさ。

前述の朱色、あかね色、えんじ色、あずき色、緋色は、色相としてはすべて赤色のグループに含まれるものです。私たちは、これらの色のように、日常生活の中でよく利用する色について名前を付けて使い分けています。例えば、日本工業規格（JIS）で設定されているJIS慣用色名では、269もの色の名前が定義されています。

　色の分類と言える色相ですが、この色相を体系的に把握できるようにするために使われるのが「色相環（しきそうかん）」です。色相環とは、**図1**のように色相を赤→橙→黄→緑→青→紫→赤と円形に並べたもので、**図1**のようにはっきりと色分けされたもの以外に、連続的なもの（隣り合った色が区分けされずにグラデーションでつながっているもの）もあります。色相環の考え方からすると本来は連続であるべきですが、色相の変化を把握する目的であれば、図のように分割されているものの方がわかりやすいはずです（**図1**の色相環は12分割されています）。なお、口絵には12分割と24分割の色相環を掲載しています。

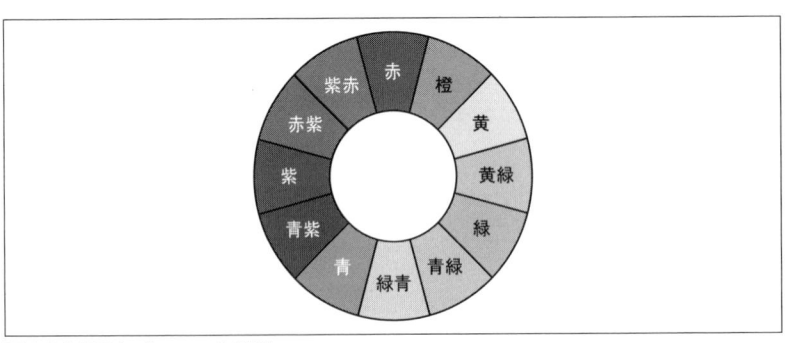

図1 ●色相環（口絵9、14も参照）

2-4-2　色の効果

　人間が視覚によって取得する情報の中で、色の情報は感情に直接働きかける要素が強いと言われています。さまざまな色と形による積み木をグループ分けするという実験では、3歳ぐらいまでの幼児は形よりも色で積

み木を分類すると言います。しかし、もう少し年齢が上になってくると、知覚の変化によるものでしょうか、色よりも形による判別が優先されるようになるそうです。

ここでは、色の効果を表すいくつかの事例を紹介しましょう。

色の温度

イギリスのある工場では、従業員からカフェテリアが寒いという苦情が絶えませんでした。しかし、カフェテリアの室温は21度に保たれており、苦情を受けて24度に設定を変更しても、やはり寒いという苦情が出続けました。調べてみたところ、カフェテリアの青い壁が原因と思われました。そこで壁を青からオレンジに塗り替えたところ、今度は逆に暑いという苦情が出るようになったそうです(参考:『決定版 色彩とパーソナリティ － 色でさぐるイメージの世界』、松岡武著、金子書房、1995年)。

このように、緑や青、紫といった「寒色系」の色を持つ部屋と、赤、オレンジ、黄色といった「暖色系」の色を持つ部屋とでは、大きな体感温度の差があります。他にも、青い色紙を貼った水槽と赤い色紙を貼った水槽に手を入れて、体に感じた温度を比較するという実験が有名です。この場合にも、やはり青い水槽の水の方が、赤い水槽の水と比べると、明らかに冷たく感じるという実験結果が出るそうです。

くつろぎの色

色の効果は人間が自分で認識しないところで発生するものが多く、ここで紹介した体感温度の他にも数多くの心理的な効果があると言われています。例えば、和室の色合いは人の心をくつろがせますが、これはベージュ系(茶系)の色合いが人を安心させる効果を持っているからです。同様に、暖色系の色は人に暖かみを感じさせることができ、逆に寒

色系の色は人の興奮を落ち着かせます。寒色系の色による心理的効果は、子どもが自分の部屋で勉強に集中できるようにするため、部屋の壁の色や絨毯の色を青くするといったことにも利用されています。また、駅のホームに青色LEDの照明を設置した例もあります。これは心を落ち着かせて飛び込み自殺を防ごうとする狙いによるものです。

図2●山手線ホームに導入された青色LED照明(口絵10も参照)

なお、暖色系の色の中で彩度が高い色を「興奮色」、寒色系の色の中で彩度が低い色を「沈静色」と言います。これらの色は、その名の通り、人間の感情が高ぶり興奮しやすくなる色と、心が落ち着き冷静になる色のことを表しています。

こういった人間に与える色の効果は、科学的にもさまざまな実験で検証されています。その中のひとつに1958年にカリフォルニア大学のロバート・ジェラード(Robert Gerard)が発表した「ライト・トーナス値」というものがあります(トーナス(tonus)とは「筋肉の緊張」の意味です)。ライト・トーナス値は、色に対する"筋肉の緊張度"を血圧や心拍、脳波、汗の分泌量といった客観的な数値から計測したもので、この実験による計測結果は**表1**のようになっています。

この表を見ると、ベージュやパステルカラーのライト・トーナス値は、正常値(リラックス状態)と同じ値になっています。この表の結果だけを見ると当たり前のように思えるかもしれませんが、このライト・トーナス値は"皮膚が直接光の色を感じて筋肉を緊張させる"値を計測したものであり、"視覚"による影響度ではありません。ちまたでよく言われる赤

いパンツを着用すると健康になるというのは、このようなことが影響しているのかもしれません（赤いパンツは健康になるだけでなく、開運効果もあるそうですが……）。

色相	測定値	反応
正常（リラックス状態）	23	弛緩
ベージュ、パステルカラー	23	弛緩
青	24	弛緩
緑	28	弛緩
黄	30	緊張・興奮
オレンジ	35	緊張・興奮
赤	42	緊張・興奮

表1●ライト・トーナス（筋緊張度）値
出典：『増補 色の秘密 最新色彩学入門』（野村純一著、ネスコ、1994年）

COLUMN　ブルースクリーンが赤かったら・・・

　WindowsはOSレベルでの重大なトラブルによってシステムが停止した場合、青一色のエラー画面が表示されるようになっています。この画面が表示されてしまうと、コンピュータを再起動するしか対応方法がなく、利用していたメモリ上のデータが消えてしまう危険性があることから「ブルースクリーン」と呼ばれ、IT業界ではひどく恐れられているものです（本書をお読みの方はよくご存じのことだと思います）。それでは、このブルースクリーンが赤い画面（つまり"レッドスクリーン"）であったら、どのような印象になるでしょうか。

　ちょっと目をつぶって、大切なコンピュータで突然表示された真っ赤なエラー画面をイメージしてもらうとわかると思います。やはり、ただでさえエラーが発生したという"いらだち"が、さらに増殖させられることは間違いありません。青い色は人を冷静にさせる色であり、このような重大なエラーが発生したケースでは"最適な色"と言えます。

色と時間の経過

　暖色系の色は、人間を活性化させることから時間の経過を遅いと感じさせる効果があります。ファストフード店では、この暖色系の色による心理作用を売り上げの向上に利用していると言われています。ファストフードの店内は顧客に長時間居るように思わせるために、意図的に暖色系でデザインし、できるだけ顧客の回転率が高くなるようにしています。なお、暖色系の色には、食欲を増進させる効果もあるため、ファストフードだけでなく飲食店全般で利用されることが多い理由のひとつになっています。

　逆に、病院の待合室では長い時間待たされていると感じさせないようにするために、寒色系の色で全体をデザインすることが多いそうです。

色とイメージ

　色にはさまざまなイメージがあります。**表2**は、日本における色のイメージを整理したものです。このような色によるイメージは、国や地域によって異なるものも多くあります。実際に、さまざまな商品の製品カラーにおいても、国ごとに好まれる色合いが違うということは一般的なことです。

色彩	象徴内容
赤	情熱、活気、誠心、愛情、喜悦、歓喜、闘争
橙	陽気、喜楽、嫉妬、わがまま、疑惑
黄	希望、発展、光明、歓喜、快活、軽薄、猜疑、優柔
緑	平和、親愛、公平、成長、安易、慰安、理想、柔和、永久、青春
青	沈着、冷淡、悠久、真実、冷静、静寂、知性
紫	高貴、優雅、優美、神秘、謹厳、複雑
白	純潔、潔白、清浄、素朴
黒	厳粛、荘重、静寂、沈黙、悲哀、不正、罪悪、失敗

表2●日本における各色の代表的な象徴内容
　　出典：『決定版 色彩とパーソナリティ ― 色でさぐるイメージの世界』（松岡武著、金子書房、1995年）

2-4-3 コンピュータにおける色

　テレビやコンピュータのディスプレイでは、色を表現するのに赤、緑、青という「光の3原色」を利用しています（これに対して、「色の3原色」は赤、青、黄の3色です）。光の3原色は、色の3原色と違い、それぞれの色を足し合わせることで、以下のように明るい色合いに変わっていきます（なお、口絵に光の3原色の図を掲載してあります）。このような光の3原色による色の表現方法のことを「加法混色」と呼びます。

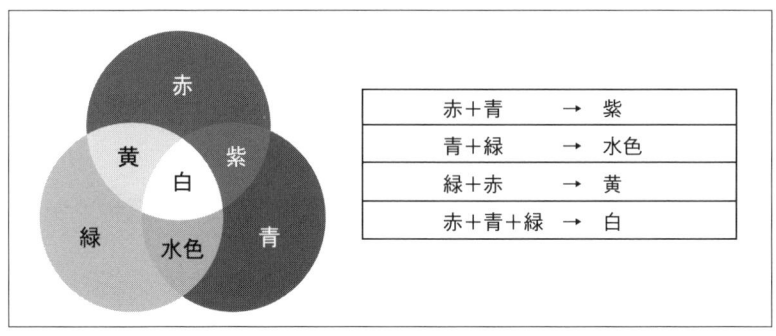

赤＋青	→	紫
青＋緑	→	水色
緑＋赤	→	黄
赤＋青＋緑	→	白

図3●光の3原色（口絵11も参照）

　この光の3原色におけるそれぞれの値で示された階調（色の濃淡を表す段階）のことを「色深度」と呼びます。コンピュータで色を表現するということは、指定された色深度による光の3原色を足し合わせるということなのです。これを光の3原色の頭文字から「RGB」（Red：赤、Green：緑、Blue：青）と呼んでいます。

　コンピュータのディスプレイでは、ハイカラー[※1]またはトゥルーカラーによって色を表現します。ハイカラーとは、赤と青にそれぞれ5ビット（32階調）による色深度の値、緑に6ビット（64階調）による色深度の値を保持することで、16ビット（0〜65,535）の数値に65,536色を割り当てる方式です。このとき緑の保持する階調数が赤や青よりも1ビット分多いのは、

※1　以前のコンピュータでは、画面表示に使用できるメモリの関係からディスプレイの設定でハイカラーとトゥルーカラーを選択していましたが、現在のコンピュータは基本的にトゥルーカラーを使用します。

余った1ビットを人間が細かな色の違いを最も識別しやすいとされている緑に割り当てたためです。なお、ハイカラーには、RGBをそれぞれ均等に5ビット分ずつ保持する15ビットカラーも含まれます。15ビットカラーの場合には、32,768色を表現することができます。

　トゥルーカラーは赤、緑、青のそれぞれに8ビット（256階調）による色深度の値を保持して、24ビット（0〜16,777,216）の数値に約1670万色を割り当てる方式です。なお、トゥルーカラーには32ビットカラーもありますが、32ビットカラーは24ビットカラーに対して、処理を高速化するために8ビット分の余計な領域を空けているだけであり、実際にはどちらも表現できる色数に違いはありません。

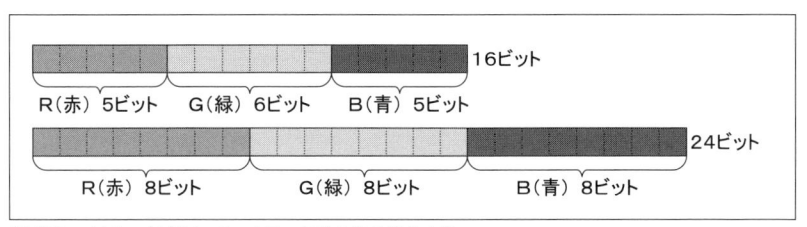

図4●ハイカラー（上）とトゥルーカラー（下）の色の格納方法

COLUMN　人間が識別できる色数

　人間が識別できる色数は、ひとりひとりの視覚によって大きな違いがあるそうですが、一般的に数百万色ぐらいが限界であると言われています。ここで説明しているコンピュータの色数で言えば、16ビットの65,536色では足りませんが、24ビットの約1670万色は人間の持つ認識能力から考えると、多すぎるほどの表現力を持っていると言えます。

COLUMN　印刷とCMYK

　印刷業界では、カラー印刷のことを4色刷り（または4C）という言い方をします。この4色とは、CMYKで表される4種類のインクを指しています。CMYKとは、CがCyan（シアン、水色）、MがMagenta（マゼンタ、紫）、YがYellow（イエロー、黄色）、KがKey tone（キートーン、黒）という4つの言葉の頭文字をくっつけたものです。

　最近では、家庭用のカラープリンタでこの4色のインクが別々に売られていることも多いため、CMYKという言葉を耳にする機会が増えているのではないでしょうか。企業においても、カラーのレーザープリンタやカラーコピー機などで、4色に分けられたトナーを利用しているはずです。

　このCMYKのうち、CMYが印刷における3原色です。本来は3原色であるCMYのインクを均等に混ぜ合わせることで黒が表現できるはずですが、実際には濃度不足により黒に近い茶色になってしまいます。そのため、黒をくっきりと印刷するために、別にKのインクを使用しているのです。このことから、一般的にCMYKのKは黒（BlackのKまたはKuro）として呼ばれることも少なくありません。

　また、印刷は各色のインクごとに行われるため、CMY3色のインクを同じ位置に重ねようとしても微妙なずれが発生してしまい、3色のインクだけでは輪郭や濃淡をきちんと表現することが困難です。そのため、輪郭や濃淡を表現する際にも黒いインクを使用します（このとき、K以外の色を混ぜてしまうと、やはり色ずれが発生してしまうため、他の3色のインクは使用しません）。

　なお、このようなCMYKによる色の表現方法のことを「減法混色」と呼びます。

Windowsペイントによる色の編集機能

多くのグラフィックツールには、さまざまな方法で色を指定できる機能が装備されています。例えば、Windowsに装備されているペイントでは、色を指定するために[色の編集]ダイアログボックスが用意されています(**図5**)。[色の編集]ダイアログボックスでは、色合い、鮮やかさ、明るさ、または赤、緑、青によるRGB値(それぞれ0～255)のいずれかで色を指定することができるようになっています。これらは、片方の値を指定するともう一方の値が決定されるため、色合い、鮮やかさ、明るさの値と、RGB値が相互にどのように設定されるのかということを確認することができます。

この設定画面にある大きな四角形は、横方向で色合い、縦方向で鮮やかさを指定できます。そして、右端にある縦方向のバーで明るさを指定することができるようになっています。なお、横方向で指定できる色合い(色相)は、「2-4-1　色の属性」で説明した色相環を展開しているものです。そのため、左上端と右上端がいずれも赤になっているのです。

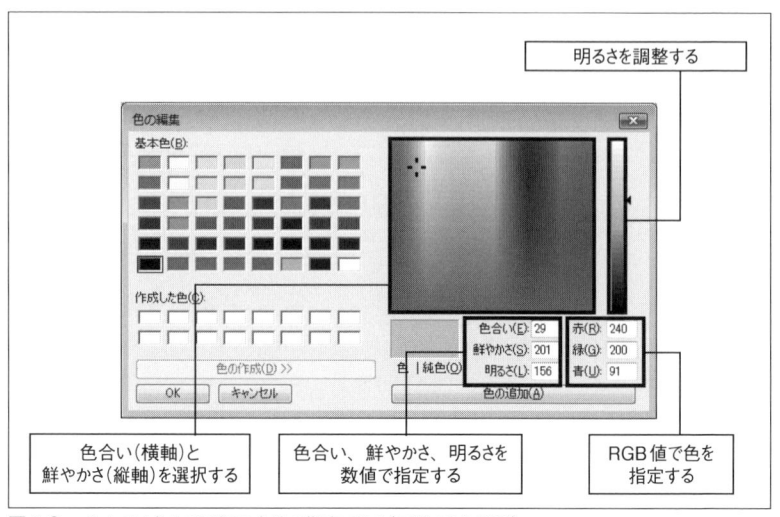

図5 ● ペイントでは色を2種類の方法で指定できる(口絵12も参照)

> **COLUMN　Webセーフカラー**
>
> 「Webセーフカラー」とは、1994年にネットスケープ・コミュニケーションズがWebページを作成するときに推奨する色として提案したものです。Webセーフカラーでは、環境の違いによって色が変わることがないようにするために、256色までしか表示できないコンピュータであっても表現可能な216色が選定されています。ここで選定された216色は、赤、緑、青における0～255の階調から、0、51、102、153、204、255（16進数では00、33、66、99、CC、FF）と、6段階に抽出し、3色分を組み合わせたものになっています（赤6色×緑6色×青6色＝216色）。

2-4-4　色の重さと大きさ、奥行き

色にはさまざまな特徴があります。同じ形を持つ"もの"であっても、そこに塗られた色によって、人間が受ける感覚が変化します。ここでは、色の持つ多様な効果について紹介します。

色の重さ

色には重く感じる色と、軽く感じる色があります。重く感じる色は黒や青などの暗い色で、軽く感じる色は白や黄色などの明るい色です。この色の重さの感じ方は、赤や青といった色相よりも、明度の方が影響が大きいと言われています。

このような色による重さの感じ方は、日常生活の中でもいろいろなところで活用されています。例えば、段ボールは白っぽい色に塗ることで、荷物を運ぶ際に軽く感じるようにしています。その他にも部屋のコーディネートでは、カーペットなどに重く感じる色を配色し、カーテンや

絵画などの装飾物に軽く感じる色を配色するとよいと言われています。

色の大きさ

　同じサイズのものであっても、色によって大きく見えたり小さく見えたりすることがあります。少しでも自分をスマートに見せたいときには黒い服を着るとよいといったことも、この色の特性を利用したものです。黒のようにものが小さく見える色を「収縮色」、逆に白のように大きく見える色を「膨張色」と呼びます。収縮色としては寒色系の暗い色が、膨張色としては暖色系の明るい色が該当します。

色の奥行き

　膨張色は「進出色」とも言います。進出色には、赤やオレンジに輝くネオンの灯りのように、実際の位置よりも手前の方に見える効果があります。逆に、収縮色は「後退色」とも言い、実際よりも遠くに見える効果があります。絵を描く場合のテクニックとして、背景は主に後退色で配色し、人物などを進出色で描くことで遠近感を出すという方法があります。コンピュータの画面でも、背景は暗い色（後退色）にして、ドキュメントのウィンドウの色は白系統の進出色に設定するのが最も見やすい設定と言えます。

　日常生活においても、赤や黄の明るい色（進出色）の車は、近くに見える分だけ事故の確率が低くなると言われています。例えば、ある運送会社がトラックを黄色にしたところ、事故の数が減ったという話があります。また、子どものランドセルに黄色のカバーを掛けるのは、黄色が進出色でもあり、最もよく目立つというのが大きな理由なのでしょう。

2-4-5　インタフェースにおける色の活用

　この節では、色についてのさまざまな事柄を取り上げてきました。最後に、ユーザーインタフェースにおける色の活用方法について、紹介しておきましょう。

　ソフトウェアにおける用途としては、「2-1-2　アイコンの利用とその効果」で紹介したようなメッセージボックスにおいて、適切な色を利用したアイコンを配置することが挙げられます。メッセージボックスのアイコンには、情報に青、注意に黄色、警告やエラーに赤を使用することが一般的です。これらの色の使い方は、交通標識でも馴染みのあるところです（図6）。

図6●交通標識の例（口絵13も参照）

駐車可（青色）　　すべりやすい（黄色）　　車両進入禁止（赤）

　これらの色の使い分けのポイントとしては、警告やエラーなど、ユーザーに対してしっかりとした働きかけが必要な情報については、興奮色や進出色を利用するということです。ただし、常に興奮色や進出色を配したアイコンを利用してしまうと、ユーザーが慣れてしまう（または疲れてしまう）ため、単なる情報伝達などにおいては青などの沈静色を用います。

　このような興奮色を利用するインタフェースは、日常生活の中でも目にすることが多くあります。例えば、エレベータの緊急連絡ボタンやエスカレータの緊急停止ボタンなどは、赤い色が採用されていることがほとんどです。また、電気機器の電池量の表示では、一般的に緑が充電済み（問題がないこと）を表し、電池切れ（問題があること）は赤で表現します。オー

ディオでは、メディアの再生を青や緑で表し、録画などの重要な処理については赤で表すことが一般的です。

　コンピュータのハードウェアにおいても、前面パネルなどで赤いランプが点滅していた場合には、ほとんどの場合、エラーや故障を表します。このようなランプにおいても、問題なく動作している場合には緑または青のランプが点灯しているはずです。

2-5 動きの効果

　一昔前のソフトウェアは、どれだけ短時間に与えられた処理を正確に実行するかということが最大の課題でした。その時代においては、ソフトウェアの利用者のほとんどがコンピュータの専門家であり、リソース（主にCPUのパワー）の無駄使いはプログラムにとって御法度と言えるものでした。

　しかし、現在では幅広いユーザー層を対象にしているソフトウェアが増え、そのようなソフトウェアにおいては、本来の処理にとって"無駄な処理"であっても、ユーザーにとってわかりやすく使いやすいものであれば容認（または歓迎）されるようになってきています。この"無駄な処理"の代表と言えるのが、「動きの処理」です。

　「動きの処理」の用途としては、第一にユーザーへの処理のフィードバック（結果をユーザーに伝達すること）に利用することが挙げられます。また、動きやアニメーションを効果的に利用することで、ソフトウェアの操作そのものを楽しくすることもできます。動きやアニメーションを上手に利用すると、ユーザーがソフトウェアを利用する上での「何だか難しそう」といった心理的な障壁を引き下げることが可能になります。

　それでは、いったいどのような"動き"が、ユーザーに対しての、使いやすさやわかりやすさにつながるのでしょうか。ここでは、動きやアニメーションを取り入れたインタフェースの効果について考えてみましょう。

2-5-1　動きによる効果

　ソフトウェアのさまざまな処理においては、動きを利用することで、ユーザーに対して「どのような処理を実行しているのか」や「どこまで実行しているのか」をわかりやすくはっきりと伝達することが可能になります。このような処理のフィードバックは、処理の完了後だけでなく、処理中に

行うことで、ユーザーにとってはソフトウェアを利用する安心感が高まります。

ここでは、実際の例を挙げて、ソフトウェアにおける動きの効果を考えてみましょう。

ウィンドウの移動

WindowsなどのGUI OSでは、ユーザーがデスクトップ上でウィンドウを自由に配置(移動)できるようになっています。ウィンドウを移動するという操作におけるユーザーへのフィードバックには、以下のような3通りの方法が考えられます。

・**ウィンドウの移動1(瞬間移動)**
マウスをドラッグしたときにウィンドウが瞬間的に移動すると、ユーザーは移動先の位置や画面の内容を再認識しなければなりません(**図1**)。自分が使っていた画面が瞬間的に大きく変化するというのは、ユーザーにとってはとても怖いものでもあります(処理に対する慣れがなければ、不安をかき立てる要因になります)。

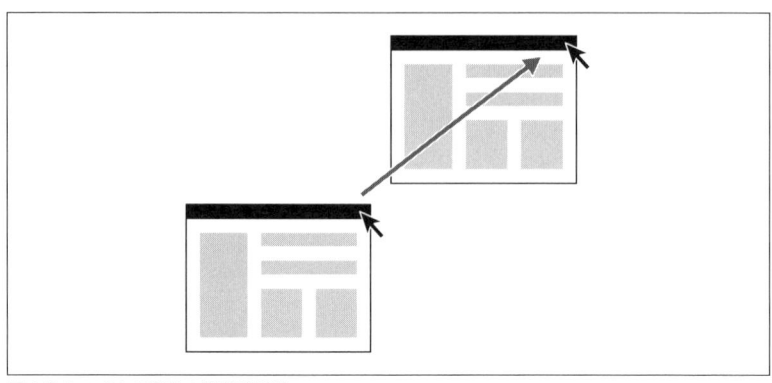

図1●ウィンドウの移動1(瞬間移動)

・ウィンドウの移動2（枠の移動あり）

ドラッグ中にウィンドウの枠が移動することによって、ユーザーは移動元と移動先をスムーズに把握できるようになります（**図2**）。このようにすることで、ユーザーは自分の行った操作によって発生する現象（処理内容）を認識しやすくなります。

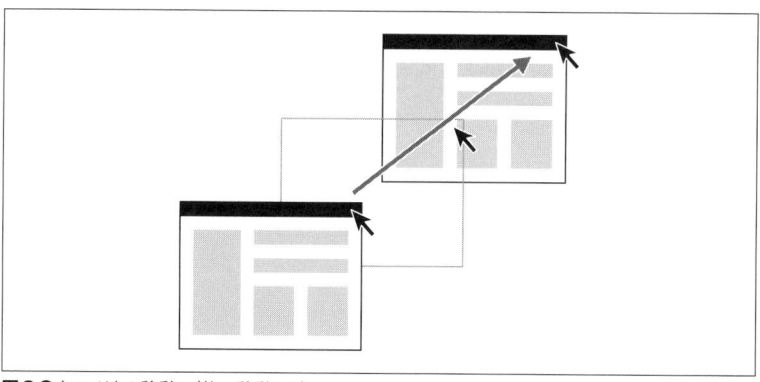

図2●ウィンドウの移動2（枠の移動あり）

・ウィンドウの移動3（全体の移動あり）

現在では、もっとコンピュータに負荷を掛ける方法が採用されています。それは、マウスのドラッグに合わせて、ウィンドウそのものが移動する方法です（**図3**）。このようにウィンドウがその内容とともに移動すれば、ユーザーは内容を再認識する必要がまったくありません。

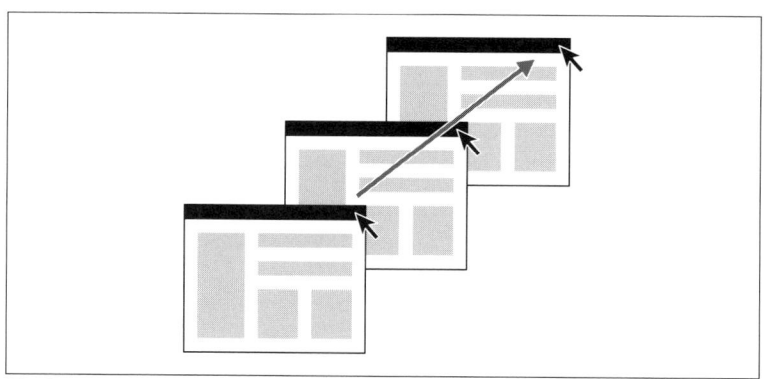

図3●ウィンドウの移動3（全体の移動あり）

これらの3通りの方法を比較すると、3番目の方法が一番わかりやすい(そしてユーザーの目や神経を疲れさせない)というのは言うまでもありません。最初の方法のように、マウスボタンから手を離した瞬間にパッと移動先の場所にウィンドウの内容が表示された場合には、デスクトップ全体の表示内容が大きく変わってしまうために、目の焦点を合わせる位置がつかめずに、ユーザーが再度デスクトップ全体を認識する必要が生じます。3番目の方法であれば、移動中にもウィンドウの内容がそのまま表示されるため、ユーザーの認識がとぎれることはなく、継続的な認識の中でソフトウェアを操作できます。そして、ユーザーは自分のやろうとしている処理をスムーズに認識することができ、安心して利用し続けることができるのです。

実行中の表示

　どんなに高速なコンピュータを使用していても、時間の掛かる処理を完全になくすことはできません。しかし、時間の掛かる処理を行う際に、画面が指示画面のまま停止していたり、「現在処理中です」といったメッセージが表示されたまま停止していたりする場合には、ユーザーは「コンピュータがきちんと動いているのか？」といった不安を持つことになります。このようなケースではアニメーションを利用することで、ユーザーに「コンピュータが動作中である」ということをわかりやすく伝達することができるようになります。

　例えば、銀行のATMであれば、振り込みの処理を行った場合に、「しばらくお待ちください」という矢印や人が動くアニメーションを表示することで、ユーザーの不安を取り除いています。

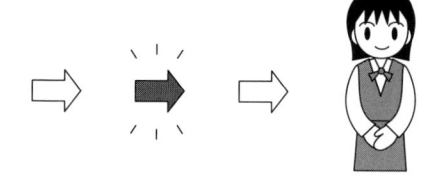

図4●銀行のATMでのアニメーション（イメージ）

　Windowsでは何らかの処理が実行されているときには、マウスポインタが矢印から砂時計や渦巻きの形状に変わります（ソフトウェアによっては対応していない場合もあります。また、環境設定によって形状やアニメーションが異なります）。単純なアニメーションですが、これらのような動きを持ったマウスポインタを利用することで、ユーザーに対して、何らかの処理を実行中であるということをわかりやすく伝達することができます。また、マウスポインタのように小さな画像であっても、画面上で動いているものはユーザーの目にとまりやすくなるという効果もあります。

　これらの例からもわかるように、ソフトウェアに動きを取り入れる場合には、ユーザーが画面上に表示される情報をできるだけ連続的に把握できるようにするための動き（1つ目の例のウィンドウの移動など）と、アイキャッチをするための動き（2つ目の例の実行中の表示など）が代表的な利用方法と言えます。

COLUMN 音の効果

　動きの効果だけでなく、音の効果というものも人間の知覚にとって、とても大事なもののひとつです。実際に多くのソフトウェアでは、処理が成功したこと、処理が失敗したこと、指定した操作が現在利用できないということなどを伝えるために効果音を導入しています。

　これらの効果音は、音を利用できる環境にとっては非常に効果的なものと言えますが、インタフェースに組み込むかどうかを決定する際には、音を利用できない状況もあるということを念頭に置いた上で検討しなければなりません。効果音が聞こえることを前提として設計した場合（例えば、音が鳴ったら処理を続行するなど）、音が聞こえにくい環境で操作したり、聴覚障がいを持つ人が利用したりした場合には、ソフトウェアの操作ができないことになりかねません。効果音はあくまでも補助的な要素として利用することになります。

　また、コンピュータが生成する効果音ではありませんが、マウスをクリックしたときに発する"カチッ"という効果音も、とても優れた効果を発揮しています。現在のGUIデザインでは、3Dの視覚的効果とこのマウスのクリック音が融合されることで、擬似的な触感を生み出していると言えます。

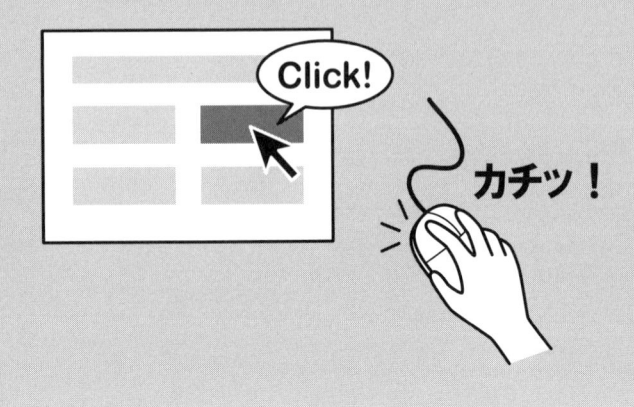

2-5-2 マウスクリックの秀逸性

最後に、現在のGUIで一般的に使われている動きの効果として、ボタンのクリックを取り上げてみましょう。そもそもボタンというインタフェース要素は、マウスの利用に伴い一般的になったものです。画面上に表示されているマウスポインタを自分の指の代わりと考えると、マウスポインタで押したり触れたりしたときの視覚的な効果をうまく表現することによって、マウスによってボタンを押すという操作をユーザーが自然なものとして認識できるようになっています。

逆に言うと、ボタンを押した効果がデザインによってうまく表現されていない場合には、ユーザーにとってはマウスポインタを自分の手で動かしているのではなく、「自分がマウスを操作し、そのマウスがマウスポインタを動かしている」という具合に、直接的でないマンマシンインタフェースができあがってしまいます。マウス操作をユーザーの手の延長と考えられるように認識させるには、"ボタンを押した"という、デザイン上の自然な効果が求められるわけです。

それでは、このボタンに対する操作を動きで表現する2つの方法を紹介します。

・3Dボタン

"ボタンを押した"という感覚を最も効果的に表現しているデザインが3Dボタンです。3Dボタンは通常擬似的に出っ張った状態で表現されていて、マウスでクリックするとへこんだ状態に変化します。3Dボタンは、出っ張ったものは押したくなるという人間の習性を利用しているため、ユーザーは押せば何かが起こるのであろうことを想定します(3Dボタンの形としての効果については、「2-2-7アフォーダンス　ものの形が生み出す効果」を参照してください)。

マウスを使って3Dボタンを押すという動作の上手な表現は"気持ちのよい"デザインにつながり、このことはユーザーストレスを取り除く効

果を期待できます。

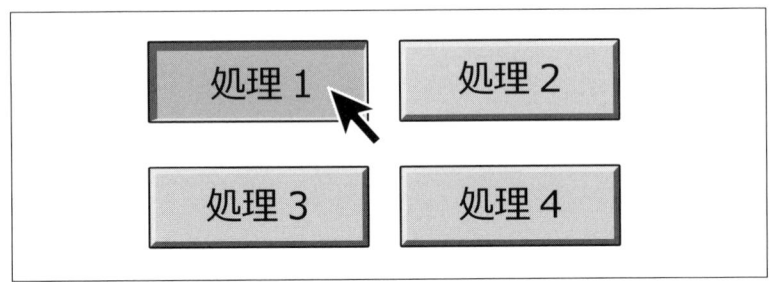

図5 ● 3Dボタンは立体感によって、押した感覚を表現している

・**タッチパネル風**

3Dボタンの次によく使われているのが、このタッチパネル風のデザインです。機能や使われ方は3Dボタンとまったく同じですが、3Dボタンが"押した感覚"を演出しているのに対して、タッチパネルでは"触った感覚"を演出しています。銀行のATMや駅の券売機では、タッチパネルを採用しているものの方が多いようです。

通常は白く表示されているボタンのエリアが黒く変化したり、黒いエリアが黄色く変化したりと、色の変化を利用しているものが多くあります。そのため、3Dボタンに比べ動きの変化が乏しく、押したときの"気持ちのよさ"では負けてしまいますが、音を利用できる環境の場合には、「ピッ」というタッチ音を付けることでパネルをタッチしたときの気持ちのよい感触を生み出すことができます。

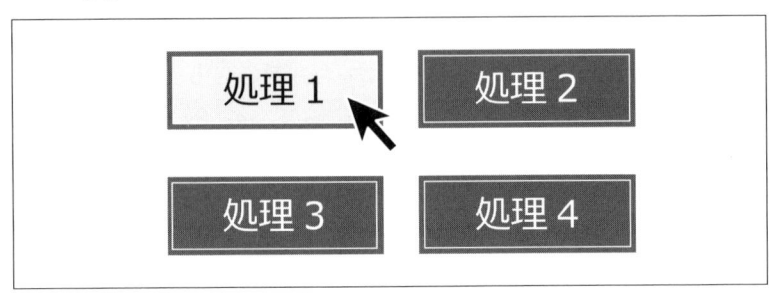

図6 ● タッチパネル風のボタンは触った感覚を表現している

ボタンによる実行のタイミング

ボタンというインタフェースでは、一連の操作と処理をその動作に合わせて考慮しておかなければなりません。一見すると単純に見えるボタンの操作ですが、実際には"押す"と"放す"という2つの動作が含まれているということを理解する必要があります。つまり、ボタンの操作による処理の実行タイミングには、「押したとき」と「押して放したとき」の2通りが考えられます。

これらの2つの実行タイミングについては、マウスの操作で考えるとわかりやすくなるかと思います。つまり、マウスのボタンを押した瞬間に実行するか、放した瞬間に実行するかという違いです。一見すると同じことのように思えるかもしれませんが、対象のボタンの上でマウスボタンを押しっぱなしにするという操作を考えると、これらの違いが見えてきます。

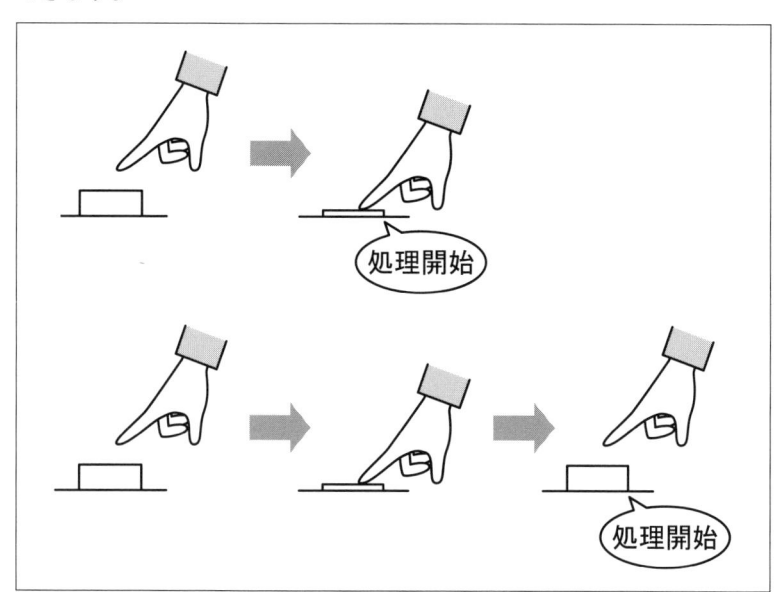

図7●ボタンに対する処理の実行タイミング

ここでは、何らかのソフトウェアを実際に操作しながら説明してみましょう。**図8**は、Windowsに標準で装備されている電卓の画面です。このソフトウェアで1の数字を入力する場合には、1 をクリックします。おそらく本書読者の大多数の方は、既にGUIによる操作が当たり前になっているため、「1 をクリックする」と指示されただけで、当たり前のように、① 1 のボタンにマウスポインタを移動する、②マウスボタンを押す、③マウスボタンを放す、という3つの操作を行うはずです。この3つの操作を一般的に「クリックする」と呼んでいます。電卓のソフトウェアでは、③の操作を実行したタイミングで、電卓の画面上に1の数字が表示されたことがわかると思います（もう一度、手順をひとつずつゆっくりと操作してみてください）。

それでは、マウスボタンを押したまま、マウスポインタを 1 以外の場所に移動して、マウスボタンを放した場合にはどのようになるでしょうか。実際に操作してみるとすぐにわかりますが、この場合にはボタンを操作したことにはなりません。ユーザーがこのように操作を行ったときには、ボタンに対する「操作の取り消し」を意味することになります（この操作については、上級ユーザーにとってはよくできたインタフェースと言えますが、直感的にそのような操作がわからないという点では一考の余地がありそうです）。

図8● Windowsに装備されている電卓

このように、ボタンを操作するという非常に簡単なインタフェースにおいても、その操作タイミングを詳細に検討することで、ユーザーに対する細かな配慮を付け加えることができるというわけです。なお、多くの開発環境では、ボタンに対して、クリック時の処理だけでなく、マウスポインタを移動したときや押したとき、放したときの処理といった具合に、ユーザーの細かな操作に対してプログラムを記述できるようになっています。

COLUMN　ボタンのダブルクリック？

　筆者は仕事柄、他の開発者が作ったソフトウェアを見る機会が多くありますが、その中に稀にボタンをダブルクリックして操作するものがあります。ボタンをダブルクリックして操作している光景もなかなか興味深いものですが、実際にはそのような操作はボタンを利用したインタフェースデザイン作法からはかけ離れたものであることは言うまでもありません。

　しかし、上記のような特殊なソフトウェアの操作を別にしても、ダブルクリックという操作を「画面上のオブジェクトに対する指示方法」として認識しているユーザーも少なからず見受けられます。

　実際にショッピングサイトなどでは、「ボタンを2回押さないようにしてください」といった注意書きを見かけることも少なくありません。これは、Webアプリケーションの仕組みにより、ユーザーへのフィードバックがわかりにくく、何度でもボタンをクリックできるため、警告として表示しているものです。しかしこれは、初心者へのインタフェースとしては未熟であると言わざるを得ません。このようなWebサイトの場合、ダブルクリックを標準的な操作として覚えてしまっている一部のユーザーにとって、常に購入手続きなどの処理が2回実行されてしまうことになります。そのようなユーザーへの対応として、ボタンを2回クリックした場合の処理を想定しておく（またはそもそも2回クリックできないようにする）というのも、ヒューマンエラー防止にとっては大切なことと言えます。

2-6 擬似的な3Dの視覚的効果と問題点

　現在のOSで動作するソフトウェアでは、3DのGUIコンポーネントを利用した画面デザインが一般的になっています。

　この節では、インタフェースに3Dのコンポーネントを利用した場合の効果と、人間の認知の仕組みを利用したGUIのボタンデザインについて説明します。また、不自然な3Dを採用した悪いインタフェースデザインについても検討してみましょう。

2-6-1 インタフェースへの3Dの組み込み効果

　「2-2-7 アフォーダンス　ものの形が生み出す効果」で説明したように、ものの形には人間に対してその道具の使い方を認識させる効果があります。ソフトウェアにおいても、アフォーダンスを考慮に入れることで、使いやすいユーザーインタフェースをデザインすることができます。ここでは、アフォーダンスの効果をGUIに取り入れる方法について検討してみましょう。

　現在のWindowsやMacintoshを始めとした一般ユーザーを対象とするOSには、GUIが装備されています。これらのGUIの特徴として、陰影を利用するなどの手法で仮想的な立体表現を行い、表示された数々のコンポーネント(ウィンドウやボタン、テキストボックスなど)をマウスで操作するような仕組みになっているということは、いまさら説明するまでもないことだと思います。

　多くのGUIで利用されているコンポーネントは、出っ張りやへこみという単純なデザイン上の仕掛けによって、ユーザーの操作を支援しています。細かなデザインは、OSや設定内容によって異なりますが、例えばボタンは出っ張りを持つ四角形で表現され、テキストボックスはへこみのある四角形としてデザインされています。

図1の画面には、代表的な3Dコンポーネントであるテキストボックス、ラジオボタン、チェックボックス、ボタンが配置されています。テキストボックスはそのへこみによって、クリックすることで中に何かが格納できる、すなわちカーソルを移動して文字を入力できるということを自然とユーザーに伝達しています。そして、ユーザーはテキストボックスの意味を"無意識のうちに"理解するのです。同様に、ボタンはその出っ張りを持つデザインが"押すことで何かが動作する"ということを示しています。このようなアフォーダンスを利用したデザインを上手に採用することで、誰にでも使いやすい、自然な操作を促すことのできるインタフェースを実現しているというわけです。

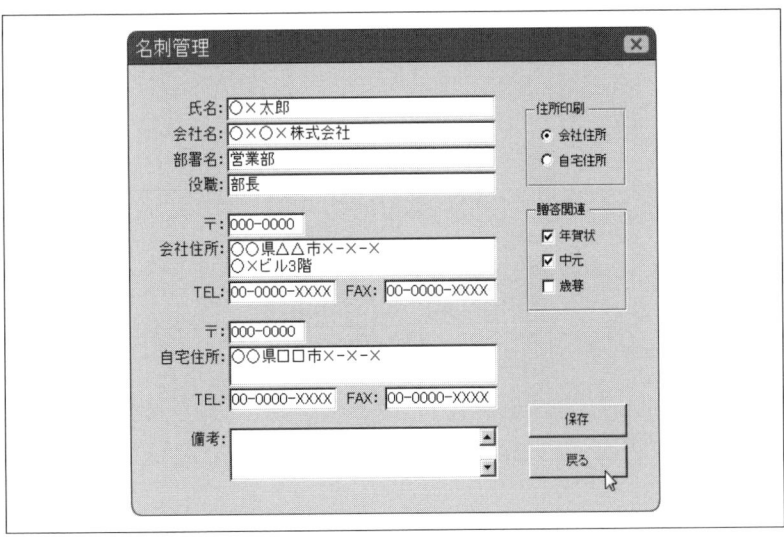

図1●良いデザインのGUI画面は誰にでも利用方法が想像できる

業務システムにおける悪いインタフェースデザインとして、入力できないテキストボックスにへこみを残したままにしているものがあります(「1-1-1 困りもののインタフェース」で紹介した「何で入力できないの？」もそのひとつの例です)。そのようなテキストボックスは、ものが表現するアフォーダンスに反することになり、ユーザーがマウスで何度もクリックしながら入力できないことに悩んだり、いらついたりすることになります。

このような配慮が足りないインタフェースデザインは、ユーザーに対して、「2-2-7 アフォーダンス　ものの形が生み出す効果」で紹介したような、使いにくいドアノブと同じ影響を与えることになります。

2-6-2　ボタンのデザインと視線の流れ

ここで、GUIで利用されているボタンのデザインについての面白い話を紹介しておきます。**図2**は、よく見かける一般的なGUIのボタンデザインです。上のボタンは出っ張っているように見え、下のボタンはへこんでいるように見えるはずです。一見するとへこんでいるように見える下のボタンですが、これは上のボタンを180度回転させただけのもので、実はまったく同じ画像です。このことは、本を逆さにして見れば一目瞭然です。

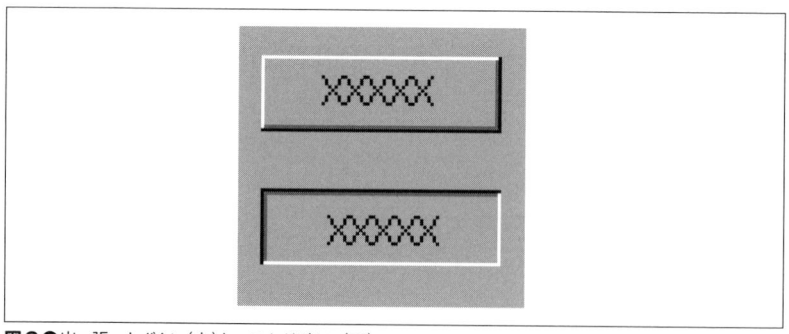

図2●出っ張ったボタン（上）とへこんだボタン（下）

図からもわかるように、この3Dボタンは四角形の枠に白と黒とグレーの線を付けただけのシンプルなものです。しかし、「2-3-2　上と下の意味」のコラム「オバケだぞー」で説明したように、人間は上から光が当たるものだと認識しているため、**図2**の上の画像のように左上が光っていて右下に影がある場合には、その間にある"もの"が出っ張った形であると錯視するわけです。そして、180度回転した下の画像では、左上に影があり右下に光があることから、へこんだ形であると認識しています。このように、同じ画像でも回転するだけでまったく別のものに見えてしまうのです。

このような光と影を利用したデザインによる簡単な3D化は、テキストボックスやチェックボックス、ラジオボタンといった代表的なGUIコンポーネントでも同様です。このような一見すると何ということもない3Dのコンポーネントが、錯視効果を利用しているというのは非常に面白いものです。

> **COLUMN　歴代 Windows の GUI デザイン**
>
> 本文で紹介している3DのGUIコンポーネントは、Windows 95、98、2000のものです。この項で説明しているように、このようなGUIコンポーネントは人間の錯視とものの持つアフォーダンス、そしてマウスという直感的なインタフェース機器を組み合わせることで、「どこを触れば先に進むのか？」、「どこが登録できるのか？」といったユーザーの疑問に対して、画面上のコンポーネント自体が表現している良いデザインと言えます。
>
> その後、マイクロソフトはWindows XP、Vista、7、8、10、11と新しいGUIを持つOSをリリースしました。Windows XP、Vista、7のGUIデザインは、以前のはっきりとした立体視のデザインを少し抑え気味に変更したものですが、Windows 8では単色のタイルを基調とした「フラットデザイン」と呼ばれるデザインに大きく路線を変更しました。
>
> Windows 8や10、11のGUIは、タッチスクリーンによる操作も考慮して、過去のWindowsでGUIの使い方を理解しているユーザーを対象とした（つまり、3Dによる出っ張りやへこみがなくても操作方法が理解できるユーザーを対象とした）と思われますが、以前のWindowsが優れたGUIデザインであっただけに少し残念な感じがします。ただし、3Dを利用したシンプルなGUIコンポーネントの欠点として、「光と影を付けることによるデザイン上の制限によって、目先の変わったデザインが難しい」というものがあります。このようなデザインの変化は、商業用のソフトウェアとしては、製品の目新しさや価値観を高めることを考えると仕方ないことなのかもしれません。

2-6-3　3Dコンポーネントによる無意識のいらつき

　ここまでは、GUIで利用される3Dのコンポーネントが、その立体的な表現によってユーザーに直感的な操作方法を意識させることにつながるということを説明してきました。3Dのコンポーネントを上手に利用することは、わかりやすく使いやすいインタフェースを装備するのにとても役立ちます。しかし、上手にデザインされていない業務用システムなどのソフトウェアでは、無配慮に配置された3Dコンポーネントにより、ユーザーが"無意識にいらつきを感じてしまう"ようなデザインになってしまったものも数多く見受けられます。ここでは、それらの中でもよくあるケースとして、2つの実例を紹介します。

　1つ目は、四角形によるグループ化を多用した場合に起こるものです。登録項目や機能の多い画面を作る場合、"データのまとまりをユーザーにわかりやすく示す"ことを目的として、四角形による囲みを多用したグループ化を行うことがあります。その場合に、デザインにメリハリを付けようとしすぎるためか、四角形自体をへこみまたは出っ張りにしてしまうケースが多く見られます。それだけであれば特に問題はありませんが、その中にさらに3Dのテキストボックス等を配置することになり、最終的にはへこみの中にへこみがあったり、へこみの中に出っ張りがあったりと、どうにも落ち着きのない画面ができあがってしまいます(**図3**)。

　前項で説明したように、 3Dコンポーネントを使用したGUIのデザインでは、平面上に配置された単純な仕掛けによる描画を、人間の視線がそこに現れている光や影などの情報を元にして、無意識のうちに立体画像として組み立て直します。しかし、この作業が多すぎる場合、特に狭い領域の中で繰り返し行われている場合には、それを処理することだけで目と脳が疲れてしまい、自然といらつきを感じるようになります。そのようなデザインのシステムは、ユーザーに優しいものであるはずはなく、データの読み取りミスや入力の誤り回数の増加につながったり、入力速度の低下に影響していたりするかもしれません。

このような無意識のいらつきをなくすためには、3Dのコンポーネントをできるだけ1段階(画面から見て、へこんでいるか、出っ張っているかのいずれか)に制限することが大切です。そうするためには、へこみによるグループ化の代わりに単なるフラットな直線を利用する方法が最もシンプルな対応方法です(**図4**)。もしくは、塗りつぶしのある四角形を背面に敷く(つまり色によるグループ化を行う)という方法も考えられます(**図5**)。

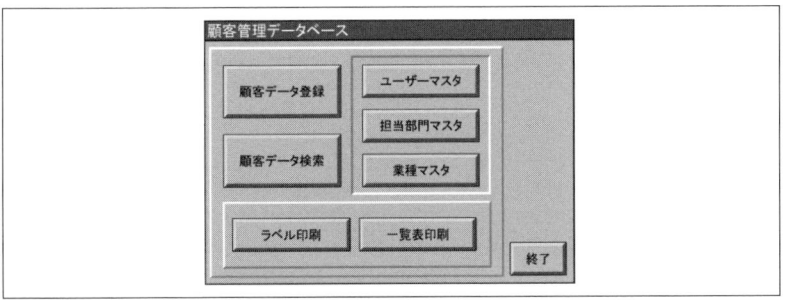

図3●3Dの四角形を使ったグループ化処理(悪い例)

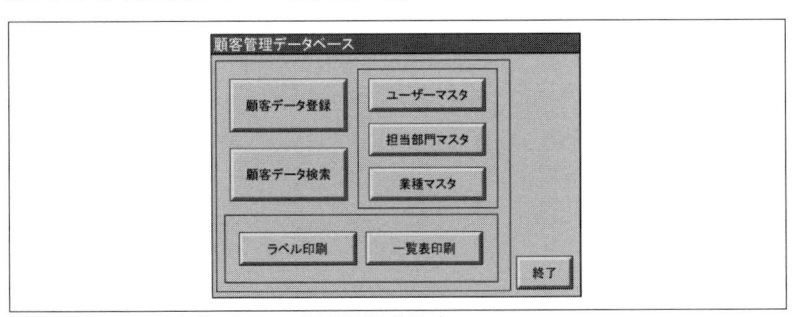

図4●フラットな四角形を使ったグループ化処理(改善例1)

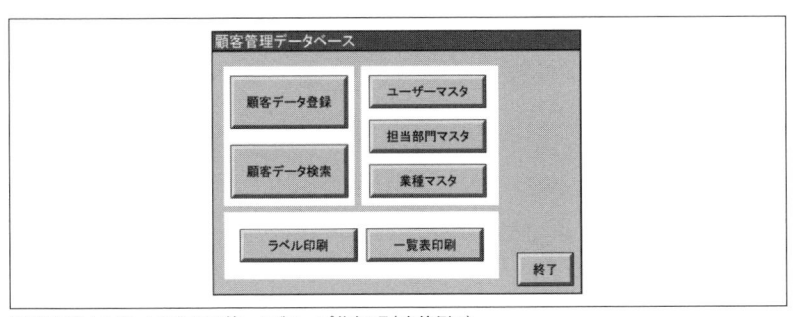

図5●塗りつぶした四角形を使ったグループ化処理(改善例2)

いらつきを感じる2つ目の例として、同じようなボタンを不規則に並べたデザインを紹介しておきましょう。**図6**は一覧表示されたデータの各行に、詳細表示用のボタンを配置しています。このデザインは2つの点で好ましくありません。1つは画面の中で最も目立つべきデータ(物件番号や担当者、住所)よりもボタンの方が目立ってしまっていること、そしてもう1つは、その目立つボタンがばらばらに配置されていて、とても見苦しいということです。このような画面においても、やはり"無意識のいらつき"が起こってしまうものです。そして、そもそもこの画面においては本来の役割である"情報をユーザーに掲示する"ということさえも、あまりうまくできていないと言えます。

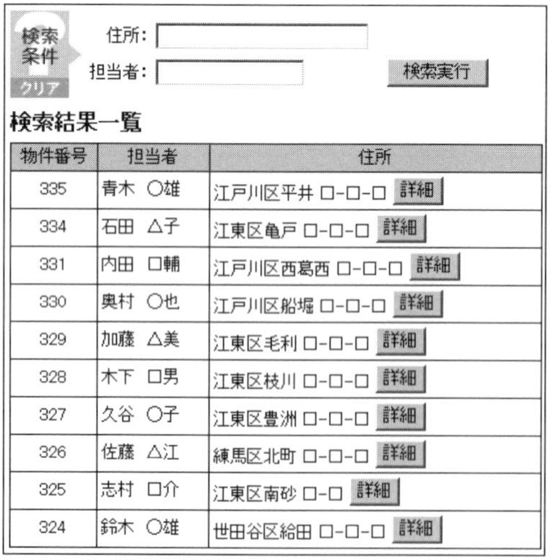

図6●ボタンが不規則に並んでいる画面(悪い例)

このような画面の対応策としては、ボタンを右端に整列させてしまうやり方が考えられます(**図7**)。こうすることで、3Dのコンポーネントが1箇所にまとまり、データ閲覧の邪魔になりにくくなります。

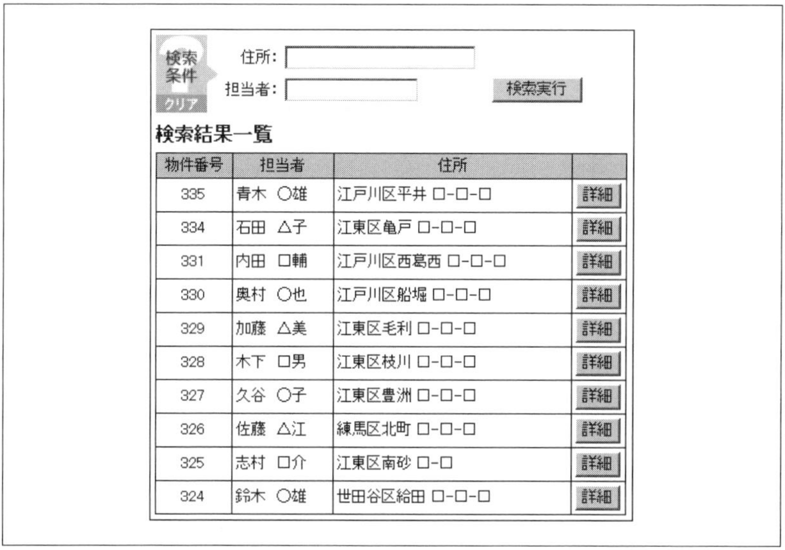

図7 ●ボタンを整列させた場合(改善例)

　別の対応策としては、3Dのボタンを使わずに、リンク(色を変えた下線付きの文字)にしてしまうことです(次ページ**図8**)。このデザインであれば、"立体表現なしにデータと処理の機能が並ぶ"ことになり、ユーザーの視線を無駄に動かすことがなくなります。また、最近のWebアプリケーションでは、別のページに遷移するという意味を持たせて、特定の項目にリンクを設定することが一般的です(**図9**)。この方法を採用すると、情報そのものを処理用のコンポーネントとして利用することができ、とてもすっきりとした画面ができあがります。ただし、リンクを付けた情報だけが、他の項目より目立ってしまうという欠点もあります。

　GUIによるソフトウェアの画面デザインでは、ここで紹介した2つの例のように、必要以上に立体表現を使わないようにすることで、ユーザーの無意識のいらつきを抑えることが大切になります。その上で、コンポーネントの色や配置等をうまく利用して、重要な情報やグループの切り分けをユーザーに掲示する方法を検討してください。

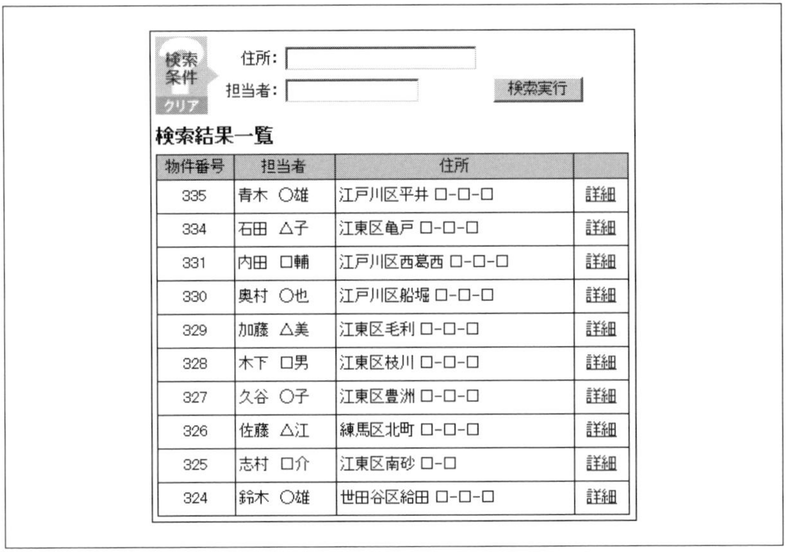

図8●ボタンをリンクにした場合(改善例)

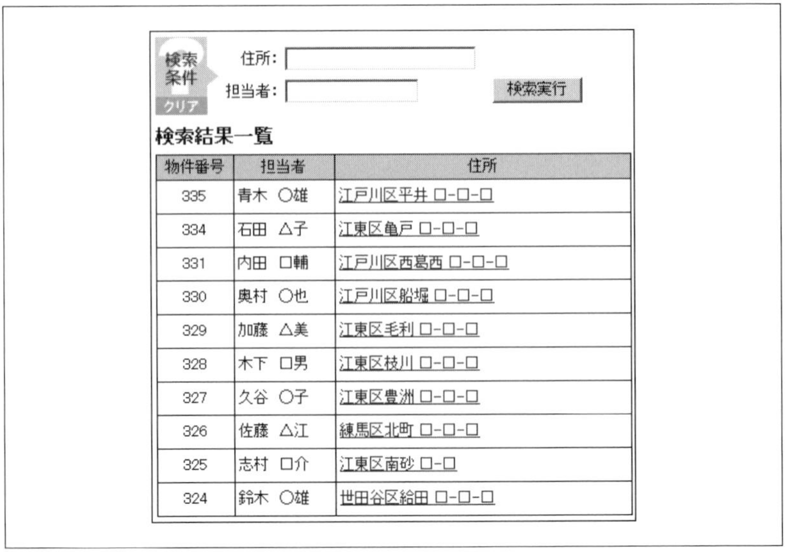

図9●表示されている値をリンクにした場合(改善例)

Chapter 3
操作方法

　私たちがソフトウェアを操作する際には、コンピュータから与えられた情報や自分の経験を元にして、さまざまな認知活動を行います。使いやすくわかりやすいインタフェースを作るためには、やはり人間の認知活動についても、きちんとした理解が必要になります。

　この章では、まず現在のコンピュータで使われている代表的なインタフェース機器について、その特徴やメリットを説明します。次に、現在のソフトウェアにおける代表的な操作系の特徴を検討し、認知的な観点の重要なポイントである操作の慣れと時間要素について説明します。最後に、ターゲットユーザーによって注意すべき点を整理してみましょう。

3-1 マンマシンインタフェース

 ソフトウェアを操作するためには、ユーザーがコンピュータに対して何らかの方法で指示の内容を伝える必要があります。このとき、人間とコンピュータを仲介するハードウェアのことを「マンマシンインタフェース」と呼びます。
 この節では、現在の一般的なコンピュータで利用されているマンマシンインタフェースについて確認し、それらの特徴を整理してみましょう。

3-1-1 マンマシンインタフェースの歴史と種類

 現在の一般的なコンピュータではマンマシンインタフェースとして、キーボード、マウス、タッチパネルなどが利用されています。初期の頃のコンピュータ(パソコン)は、プログラムを動かすための道具というよりも、プログラムを作るための道具という意味合いが強いものでした。そのため、キーボードというインタフェース機器がコンピュータに装備されていることは当たり前のことだったのです。そのような状況下では、ソフトウェアを利用する場面でも、キーボードがそのまま標準的なインタフェース機器として使われたというのはある意味当然のことでした。特に、その頃はプログラムを利用するユーザーも技術者であったり、専門的な訓練を受けていたりすることがほとんどであったので、現在のように不特定多数のユーザーを想定した使いやすいインタフェースは、ハードウェア、ソフトウェア共に不要であったのかもしれません。
 しかし、今日のようにコンピュータがプログラミングの道具としてではなく、さまざまな業務でアプリケーションを利用するための道具になった時代においても、文字を入力するためのキーボードは今なお必要不可欠な存在として不動の地位を確立しています。なお、これまで日本においては、ひらがな、カタカナ、漢字を効率よく入力できるような日本語専用のキー

ボードも研究、開発されてきましたが、現在主流のキーボードは、漢字変換用の特殊キーを備えていること、カナ入力用にキートップにひらがなが刻印されていること、一部記号の配置が異なることぐらいしか、世界中で利用されているキーボードとの違いはありません。

さて、現在はWindowsやMacintoshを始めとするGUI OSが一般的になり、キーボードと共にマウスが標準的に装備されるようになっています。マウスは画面上に表示されたオブジェクトを直接指示することができるインタフェース機器であり、直感的に操作できるというのが最大の特徴です。しかし、マウスという機器で画面上のマウスポインタを"器用に"操作するという行為は、初心者のユーザーにとっては戸惑いも多く、そのため誰もが利用するような銀行のATM、駅の券売機や精算機、カーナビなどでは、タッチパネルが採用されていることがほとんどです。タッチパネルは、画面上に表示された文字やアイコンを直接指で選択するだけでソフトウェアを操作することができるため、現時点では最も幅広いユーザー層に対応したマンマシンインタフェースであると言えます。

最近では、カーナビなどで音声認識を採用した製品も発売されています。音声認識は個人差が大きいため、完璧な認識が困難であるという欠点もありますが、カーナビではハンドルから手を離さずに利用できるという点で非常に大きなメリットがあります。今後、音声認識の精度が向上していけば、万人向けのソフトウェアにおいては、音声による応答だけで操作するのが一般的になるのかもしれません。

3-1-2 認知的に見たマウスの効用

現在のコンピュータ(パソコン)を操作する上で、マウスは欠くことのできないインタフェース機器となっています。最初のマウスは、1968年にサンフランシスコで「未来の姿を予言する」という内容のデモンストレーション[※1]において、ダグラス・エンゲルバート(Douglas Engelbart)によって発表されました。そして、1970年代初頭にアラン・ケイ(Alan kay)に

よるSmalltalkというGUI OSを装備したAltoというコンピュータで、一気にメジャーな(未来を感じさせる)インタフェース機器となりました。その後、Macintosh、Windowsでの標準インタフェース機器として採用されて、現在に至ります。

図1●現在のコンピュータにマウスは欠かせない

　現在のGUI OSやソフトウェアでは、そのほとんどにオブジェクト指向のユーザーインタフェースが提供されており、画面上に表示されるアイコンや領域に対して、マウスを使って選択(ポイント)したり、マウスのボタンを押しながら移動(ドラッグ)したりすることで、特定のオブジェクトを選択することができるようになっています。選択したオブジェクトに対して、メニューやツールバーから処理を指定したり、ダブルクリックして処理を実行したり、マウスの右ボタンをクリックして選択箇所に合わせたメニュー(コンテキストメニュー[※2]、context menu)を表示したりすることができます。

　マウスを利用したインタフェースは、"画面に表示されているものを直感的に操作する"というものであり、多くのユーザーにとってもわかりやすいものであると言えます。ダブルクリックという操作は、対象のオブ

※1　このデモンストレーションにおいては、マウスという先進的なインタフェースのお披露目と共にハイパーテキスト(ハイパーリンク)も紹介されています。
※2　コンテキストには状況という意味があります。ソフトウェアによっては、ショートカットメニューと呼ばれることもあります。

ジェクトに対して「既定の処理を行いなさい」という意味であると理解すると、これも直感的な操作になります。また、右クリックによるコンテキストメニューは、「マウスで選択しているオブジェクトの状況に合わせたメニューを表示しなさい」という意味に考えれば、覚えやすくわかりやすいものです。

　つまり、マウスは「オブジェクトを選択する」、「オブジェクトを移動する」、「オブジェクトを実行する」、「状況依存のメニューを表示する」といった直感的な操作方法で、ソフトウェアを利用できるようにしているというわけです。

　このような考え方を理解してしまえば、画面上の表示を見ただけでソフトウェアの使い方が推測できるようになるため、GUI OSと共に現在の標準インタフェースとなったのは当然のことであったのかもしれません。

　なお、マンマシンインタフェースとしての観点で見ると、マウスという機器は熟練ユーザーと初心者ユーザーによる操作技術の違いが非常に大きい道具であるということが挙げられます。熟練したユーザーにとって、マウスはあたかも自分の手のように"画面上のオブジェクトを指示したり操作したりする道具"になりますが、初心者ユーザーにとっては"画面に表示されているマウスポインタを操作するための道具"に過ぎません。マウスは、ある程度の習熟度を超えたときに、急激に使いやすくなるインタフェース機器なのです。

Chapter3 操作方法

> **COLUMN　マウスについてのあれこれ**
>
> 　ダグラス・エンゲルバートが発明したマウスは、コンピュータに接続するためのケーブルが現在のように頭ではなく、お尻に付いていました。このため、この小さな機械はケーブルがしっぽ、ボタンが目に見え、いつの間にかマウス(Mouse)という名前で呼ばれるようになったそうです(本人による命名ではありません)。また、アメリカ人の好みそうなネーミングとして、マウスの物理的な移動距離には"ミッキー"という単位が使われています(1ミッキー=1/100インチ)。
>
> 　なお、ダグラス・エンゲルバートの持つ特許はGUI OSがパソコンで利用される前の1987年に失効してしまったため、彼自身はこのマウスという偉大な機器の発明に関して特許料を受け取っていないというのも特筆すべきことと言えます。ちなみに、ダグラス・エンゲルバートは、HTML(HyperText Markup Language)で利用されている「ハイパーテキスト」の発明者でもあります。
>
> ダグラス・エンゲルバートが発明したマウス
> Photo by SRI International, Menlo Park, Calif.

3-1-3　万人に利用しやすいタッチパネル

　銀行のATMや駅の券売機といった不特定多数のユーザーが利用する機器では、タッチパネルが採用されていることがほとんどです。マウスを自在に操作できるようになった熟練ユーザーからすると、使いやすさの面でタッチパネルには特段の優位性はないのかもしれません。しかし、普段マウスに慣れていないユーザーにとっては、入力機器と出力機器が一体化したインタフェースを持つタッチパネルは非常にわかりやすいものであり、直感的に操作できるという点ではマウスよりも優れた機器だと言えます。

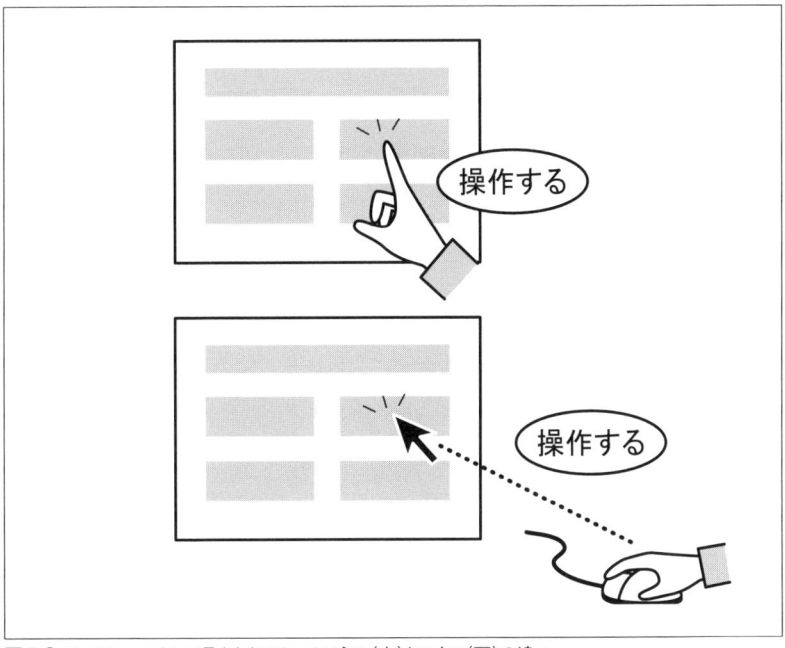

図2●インタフェースとして見たときのタッチパネル（上）とマウス（下）の違い

　タッチパネルは、基本的にはマウスポインタによるクリックが人間の手に変わるだけと考えることができますが、実際にはマウスのようにクリックせずにポインタ（カーソル）を合わせるだけの操作ができないこと、右クリックができないこと、ドラッグができない（またはしにくい）ことなどの点から、マウスを利用した操作系をそのまま搭載するわけにはいきません。そのため、タッチパネルを利用するソフトウェアにおいては、指で選択することだけで操作できるシンプルなインタフェースデザインが必要になります（なお、最近のオーディオ機器や携帯電話の中には、画面を触るだけでなく、画面上での指の動かし方を利用した操作系を採用しているものもあります）。

　また、画面を指で操作するためには、ボタンを大きくするなどの方法で操作対象の領域を広くする必要もあり、画面全体としては"大味な"インタフェースデザインが必要となります（もちろん、万人向けの機器では目の

悪い人にでも読みやすくするために、わざと大味なデザインにするケースも多いはずです)。これらの点から考えると、今後もこれまで通り、マウスとタッチパネルは目的による棲み分けが行われたままになりそうです。

なお、タッチパネルには、細かな領域を指定しにくい、押した位置を正確に判定できない、指の脂などで汚れて画面が見にくくなるといった欠点もあるため、携帯ゲーム機やPDAなどではタッチペンと呼ばれる専用のペンを利用したインタフェースも利用されています。

3-1-4 キーボード操作のメリット

キーボードというインタフェース機器は、既にコンピュータとは切り離せないものとなっています。OSが文字ベースであったCUI（Character User Interface）の時代から使われ始めたこの古くさい機器は、先進のGUIによるOSが採用されても見捨てられることはなかったようです。

現在、コンピュータで利用されている日本語専用のキーボードは、106キーボードや109キーボードと呼ばれるキーの数が106個または109個のタイプが一般的です（この2つのキーボードにおける3個のキーの違いは、Windows専用キーの有無にあります）。

もちろん、初心者ユーザーがパソコンを前にしたときに最初に戸惑いを感じる光景が珍しくないことからもわかるように、100個以上のキーの配置を把握して操作するというのはとても大変なことであり、やはり慣れないうちは使いにくいインタフェースであると言わざるを得ません。しかし、ちょうど両手を中央に並べて置いたときに、どこのキーであっても少しだけ手を動かせば操作できるという"絶妙な距離感"を持つキーボードというインタフェース機器は、慣れることによって、効率性を極限まで高めることができる優れたマンマシンインタフェースです。ある程度、タイピングができるようになった方は、紙に筆記するよりも早くキーボードを打つことができることから考えても、優れたインタフェース機器であることは間違いありません。

> **COLUMN　QWERTY配列の謎**
>
> 　現在利用されている一般的なキーボードのキーは、いったい何の順番に並んでいるのだろうと不思議に思ったことはないでしょうか。この配列はもともとタイプライターで利用されていたキーボード配列で、QWERTY（クワーティ）配列と呼ばれるものです（アルファベットのキーが左上から右にQWERTYと並んでいます）。
>
> 　実は、このキーボード配列は英文を入力する際にも、決して使いやすいとは言えない配列であり、このように配置された理由として「早く打ちすぎてタイプライターの印字棒が絡まないように、わざと使いにくくしてある」という"いかにももっともらしい"都市伝説さえ流布されています（実際は"もっともらしい"ために都市伝説になるのですが・・・）。この話は、もうひとつの有名なキーボード配列であるDVORAK（ドヴォラック）配列を作ったオーガスト・ドヴォラック（August Dvorak）などから広まったと言われていますが、実際にはQWERTY配列にそのような理由はまったく存在しなかったそうです（QWERTY配列の起源やこの都市伝説の経緯については、『キーボード配列QWERTYの謎』（安岡孝一／安岡素子著、NTT出版、2008年）に詳しく説明されています）。
>
> 　さて、実際に使ってみると、QWERTY配列は頻繁に利用する「A」のキーが左手小指に割り当てられているなど、私たち日本人だけでなく英語圏のユーザーにとっても、お世辞にも使いやすいものとは言えないと思います（この点はDVORAK配列も同じ）。それでも現在のように広く浸透しているのは、やはり"慣れに勝るものなし"ということなのでしょう（これは業務システムの操作でも言えることです。筆者がよく経験することですが、使いにくいだろうからとシステム導入後に操作方法を修正すると、「もう慣れてしまったので元に戻してください」と言われてしまいます）。
>
> 　ちなみに、QWERTY配列には、「タイプライター（typewriter）という単

語が簡単に打てるように配列した」というおもしろい話も広まっています。確かにQWERTY配列のキーボードでは、"typewriter"に含まれるすべての文字がアルファベットのキーの1行目に配置されていますが、だからといって入力したときに特に打ちやすいということはないようです。ぜひ、実際に入力してみてください。

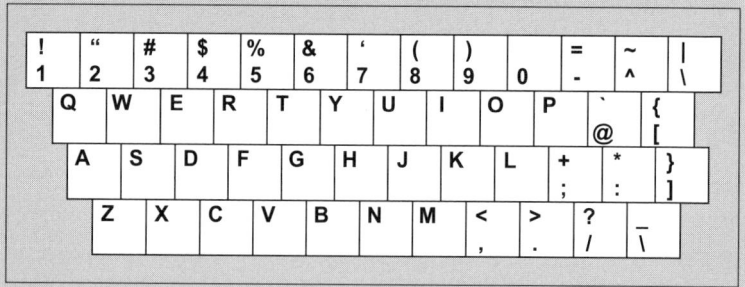

QWERTY配列のキーボード

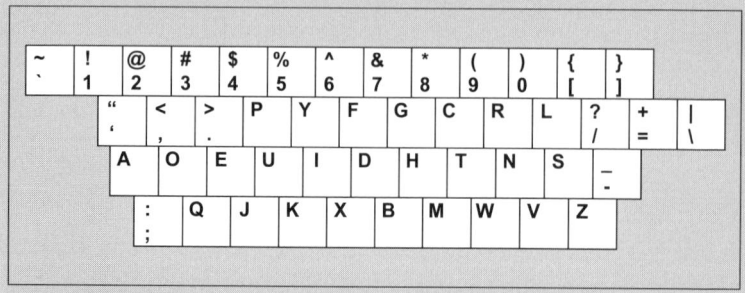

DVORAK配列のキーボード

3-2 操作手順と機能の流れ

　ソフトウェアを動作させるためには、メニューやコマンド、ボタンといったインタフェースの操作、オブジェクトの選択など、さまざまな方法を用いて、コンピュータに指示を行います。

　ソフトウェアの操作方法を決定する場合には、ソフトウェアの目的はもとより、対象とするユーザーのスキルや経験、そして人間の持つ記憶や知識といった多くの要素を熟考した上で、最適なデザインを心がけなければなりません。特に、わかりやすく使いやすいということだけでなく、ヒューマンエラーが発生しにくい操作系を作り上げるためには、そのソフトウェアのその機能に対するユーザーの思考方法（どう考えるのかということ）をよく検討して、作業指示の順番を考慮することが必要となります。

　この節では、ソフトウェアにおける代表的な2つの操作系の考え方を説明し、それぞれの利点と欠点を検討してみましょう。

3-2-1 対話型とオブジェクト型の違い

　誰かに対して仕事を指示する場合には、さまざまな方法が考えられます。ここでは、ソフトウェアにおける代表的な2つの指示方法を紹介するために、日常生活を題材にして考えてみましょう。

　例えば、お母さんが子どもに、シチューをお皿に盛りつけて、食卓に並べるということを依頼する場合には、次の3つの作業が必要となります。

作業1　シチューをお皿に盛りつける
作業2　お皿を食卓に運ぶ
作業3　お皿を並べる

　子どもに対してこのようなお手伝いを依頼する場合に、この仕事に対す

る学習記憶がない(つまり、やり方がわかっているお手伝いではないということ)という前提では、「対話型」と「オブジェクト型」の2つの指示方法が考えられます。

図1 ●先に行動を指示してから、必要な内容についての問い合わせを受ける方法(作業1)

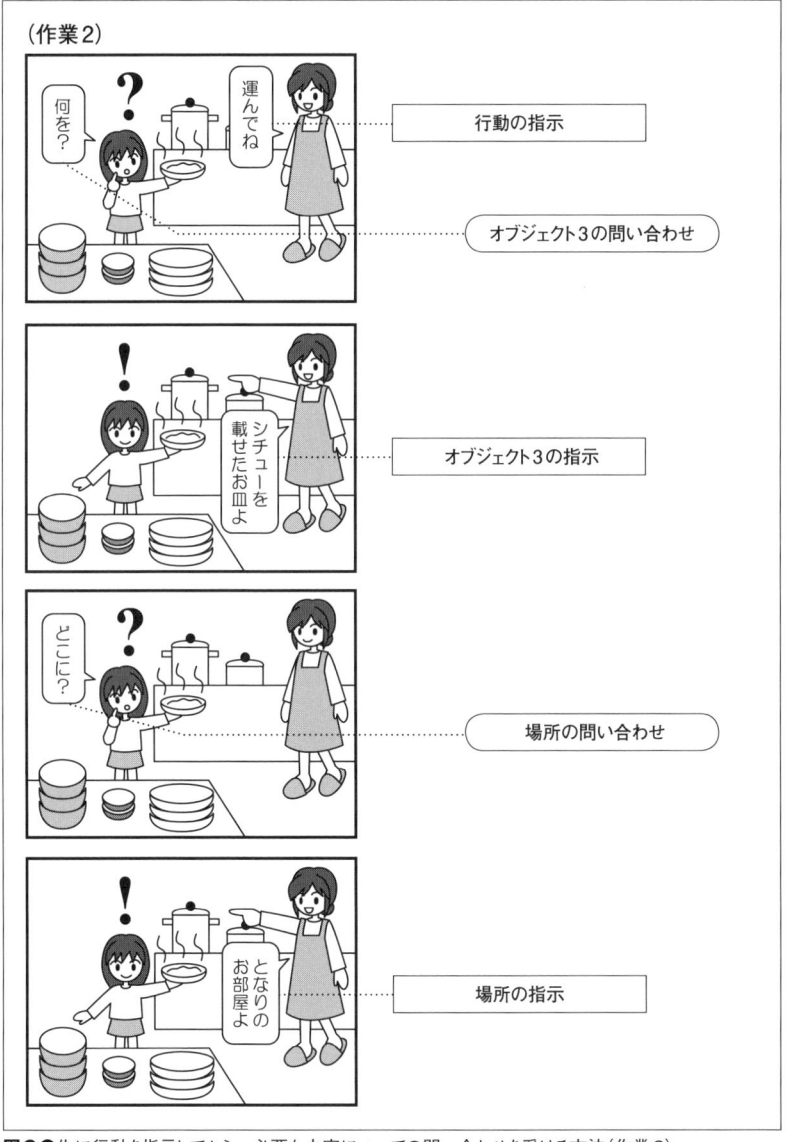

図2 ● 先に行動を指示してから、必要な内容についての問い合わせを受ける方法（作業2）

図3 ● 先に行動を指示してから、必要な内容についての問い合わせを受ける方法（作業3）

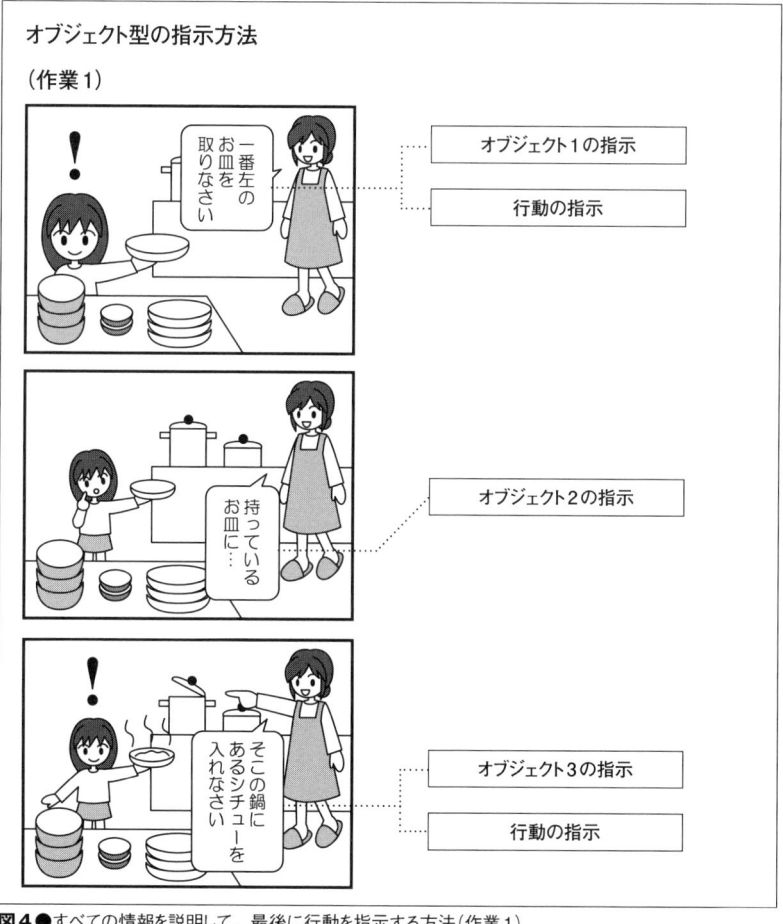

図4 ● すべての情報を説明して、最後に行動を指示する方法（作業1）

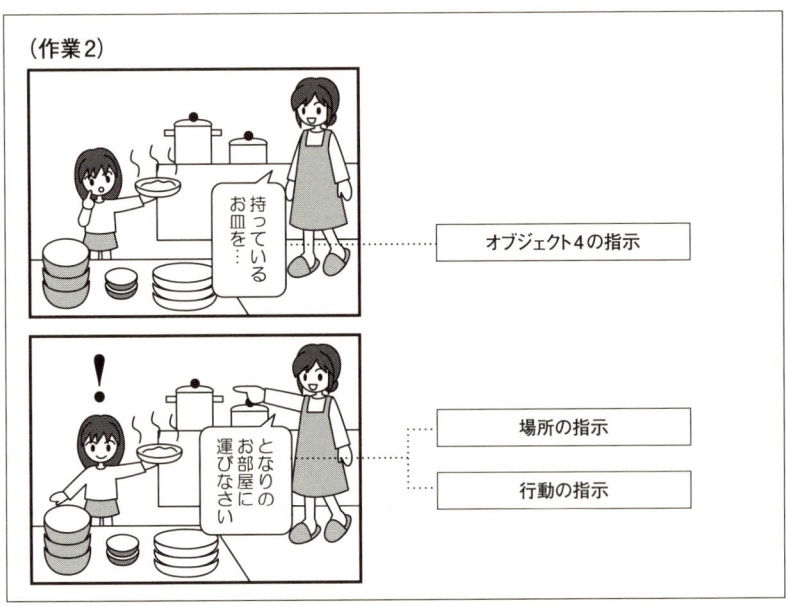

図5●すべての情報を説明して、最後に行動を指示する方法（作業2）

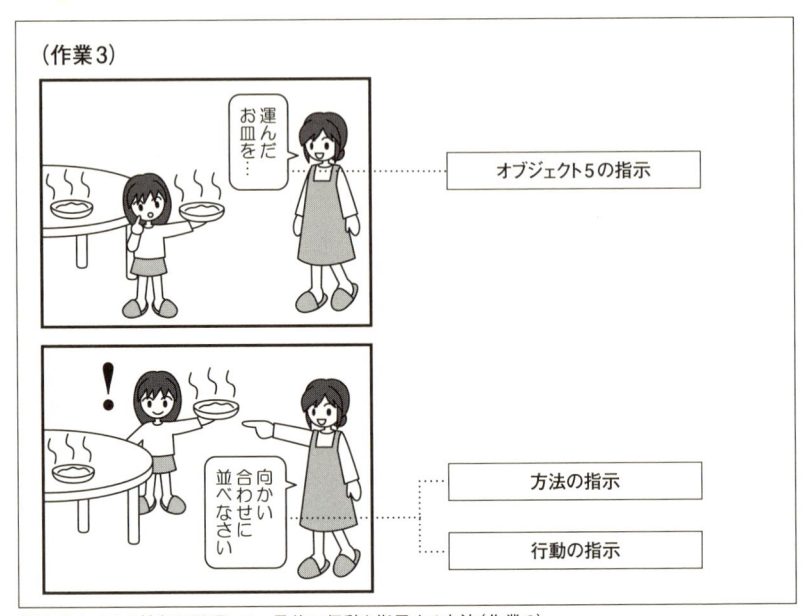

図6●すべての情報を説明して、最後に行動を指示する方法（作業3）

さて、あなたが実際に指示を行うとしたら、対話型とオブジェクト型のどちらの方法で指示を行うでしょうか。また、どちらの方が楽に指示を出すことができるでしょうか。そして、どちらの方が仕事が早く終わるでしょうか。

1つ目の対話型の作業指示では、常に「行動」の指示が先にあります（110ページ**図1～3**）。「行動」を実行するために必要となる情報は、その後で仕事を行う「子ども」自身が「問い合わせ」をしています。そして、必要な情報が集まり次第、指示された行動が開始されています。

これに対して、2つ目のオブジェクト型の方法では、「子ども」からの「問い合わせ」が発生していません（113ページ**図4～6**）。対象となるオブジェクトや方法など、すべての必要な情報を掲示した上で、最終的に「行動」を指示しています。

それでは、この2つの指示方法によって、実際のソフトウェアにおける操作系を設計した場合には、それぞれどのような利点と欠点が考えられるでしょうか。2つの指示内容を見比べると、オブジェクト型の方が短い手順で済んでいるということがわかります。しかし、対話型の作業指示では、ユーザーが「自分のやって欲しいこと」を指示するだけで、作業を行うために必要となる情報は随時要求されるため、指示の言い忘れがなくなるという利点があります。つまり、対話型による指示の場合には、ソフトウェア側が作業内容を判断するのに対して、オブジェクト型の指示方法の場合には、対象オブジェクトを含めた作業に必要なすべての情報をユーザーが漏れなく指定しなければならないということになります。

次に、ワープロソフトにおける文章のコピー処理の操作方法に、この2つの操作系を置き換えて検討してみましょう。

ワープロソフトにおける対話型による操作方法

文章のコピー処理を対話型で設計した場合には、次ページ**図7**のような操作の流れになります。このフローチャートからもわかるように、ま

ず初めにユーザーが実行することはメニューから[コピー]というコマンドを指定することです(この"初動操作"は誰にでも気付きやすい(メニューから探しやすい)という点に注目してください)。その後に続く操作は、ユーザーがソフトウェア側からの「どの文章をコピーするのか？」や「どこにコピーするのか？」などの問い合わせに回答していくだけで、

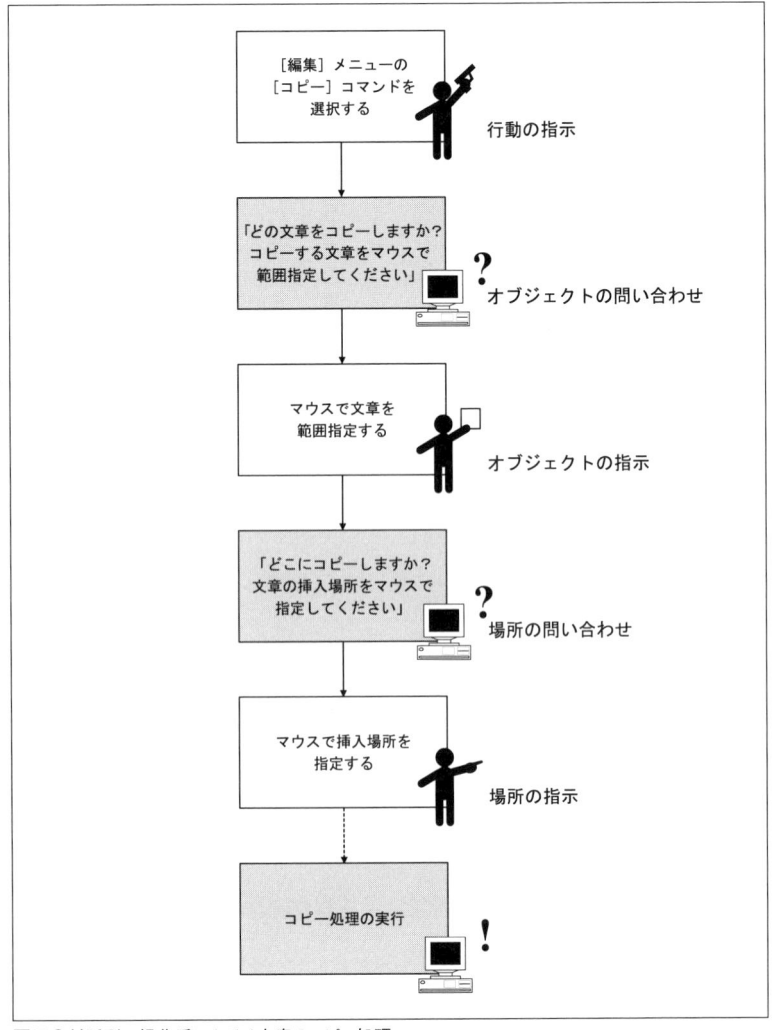

```
┌─────────────────────┐
│ [編集]メニューの     │
│ [コピー]コマンドを   │    行動の指示
│    選択する          │
└─────────────────────┘
           ↓
┌─────────────────────┐
│「どの文章をコピーしますか？│
│ コピーする文章をマウスで │    オブジェクトの問い合わせ
│  範囲指定してください」 │
└─────────────────────┘
           ↓
┌─────────────────────┐
│ マウスで文章を       │
│  範囲指定する        │    オブジェクトの指示
└─────────────────────┘
           ↓
┌─────────────────────┐
│「どこにコピーしますか？│
│ 文章の挿入場所をマウスで│   場所の問い合わせ
│  指定してください」  │
└─────────────────────┘
           ↓
┌─────────────────────┐
│ マウスで挿入場所を   │
│    指定する          │    場所の指示
└─────────────────────┘
           ↓
┌─────────────────────┐
│  コピー処理の実行    │
└─────────────────────┘
```

図7●対話型の操作系における文章のコピー処理

簡単に目的を達成することができます。ただし、この操作方法では、操作の手順が冗長になるという欠点があります。

ワープロソフトにおけるオブジェクト型による操作方法

オブジェクト型の操作方法で同じ処理を行う場合は、あらかじめ処理対象となるオブジェクトを選択しておかなければなりません（操作方法を理解していないユーザーは、あらかじめ対象範囲を選択しておくということに気付きにくいという点に注目してください）。この場合には、最初にコピー元の文章を選択することになります（**図8**）。

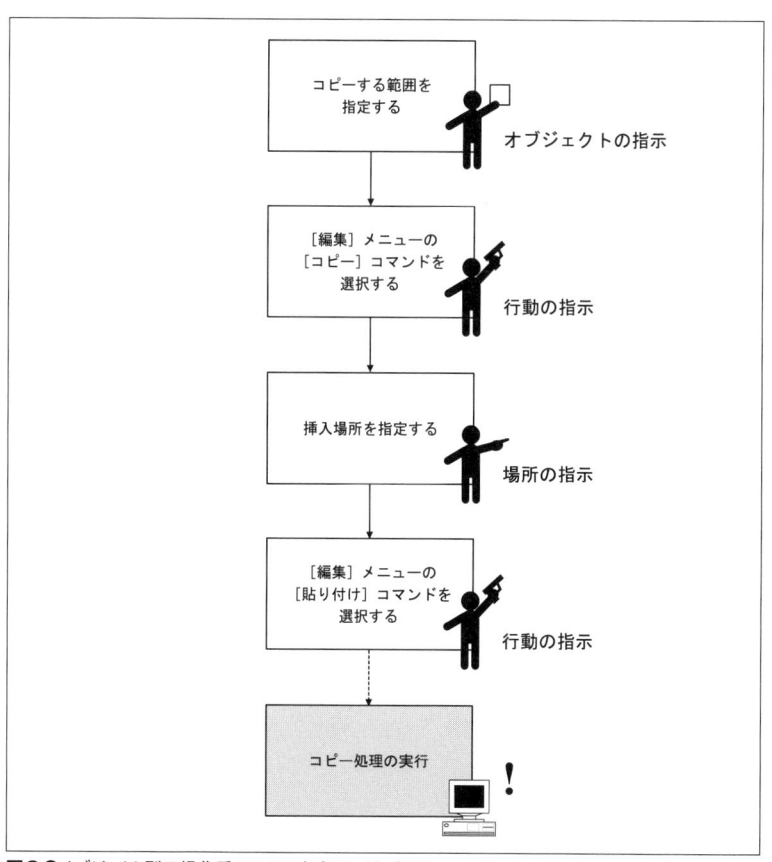

図8●オブジェクト型の操作系における文章のコピー処理

次に、メニューから[コピー]というコマンドを指定することで、一時的な記憶領域に保存することができます。コピー先の場所に移動した後で、[貼り付け]というコマンドを指定すると、記憶していた文書を指定場所に貼り付けることができます。

　ワープロソフトにおける2種類の操作方法を比べてみることで、両者の設計方法の利点と欠点が明らかになってきました。つまり、対話型の操作方法はユーザーにとってわかりやすいものですが、「質問→回答」を繰り返す分だけ余計な手順が増えてしまいます。その反面、「文書をコピーしたい」という要求を満たすコマンドさえ探し出せれば、ユーザーはその後の操作に戸惑うことなく作業を完了することができます。

　逆に、オブジェクト型の操作方法では、あらかじめユーザーが習得していなければならないスキルが高くなります。この例の場合でも、コピー処理を実現するために、「"コピーする文字列を指定してから"コマンドを実行するということ」や「"コピー先に移動してから貼り付けるコマンドを指定すること」などの知識がユーザーに要求されることになります。しかし、オブジェクト型の操作方法を採用した場合には、110ページの図1〜3における「オブジェクトの問い合わせ(お手伝いの例における子どもからの質問)」が不要になる分だけ、全体の指示が簡潔になるという利点を享受できます。

　さらにオブジェクト型では、対象の選択という点において、さらに大きなメリットがあります。それは、同一オブジェクトを処理する際に、その選択動作を省略することができるため、一連の操作がさらに短縮できるということです。図9は、113ページの図4〜6で示したお手伝いの指示をさらに短縮したものです。図4〜6では、作業のたびにオブジェクトの指示を行っていましたが、この方法では「同一のオブジェクト」(ここでは「お皿」)を操作するため、オブジェクトの指示を省略することができます。

3-2 操作手順と機能の流れ

オブジェクト型の指示方法

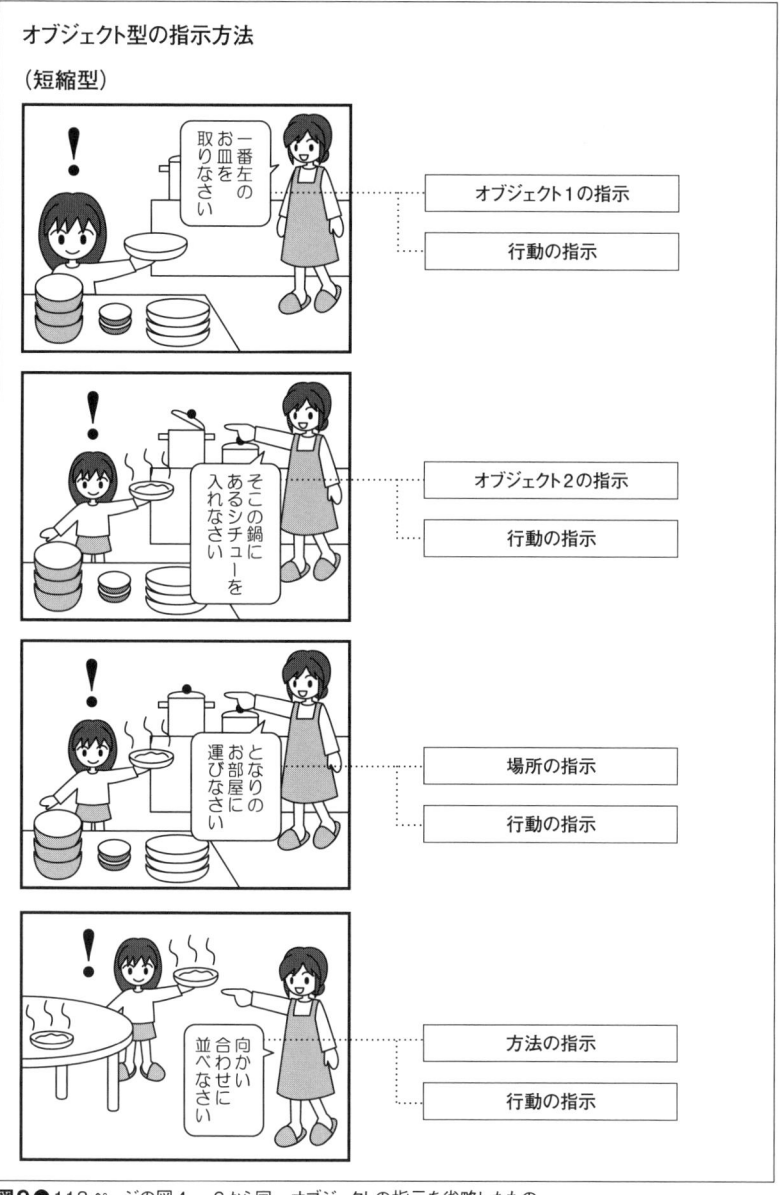

（短縮型）

吹き出し	ラベル
一番左のお皿を取りなさい	オブジェクト1の指示／行動の指示
そこの鍋にあるシチューを入れなさい	オブジェクト2の指示／行動の指示
となりのお部屋に運びなさい	場所の指示／行動の指示
向かい合わせに並べなさい	方法の指示／行動の指示

図9●113ページの図4～6から同一オブジェクトの指示を省略したもの

このオブジェクト選択の省略については、表計算ソフトにおけるセル（マス目）の書式設定を考えるとわかりやすいかもしれません。例えば、あるセルに対して、「① 青い文字色にする」、「② フォントサイズを12ポイントにする」、「③ 中央揃えに配置する」の3つの書式を設定する場合には、**図10**に示す手順で作業を行うことが可能になります。

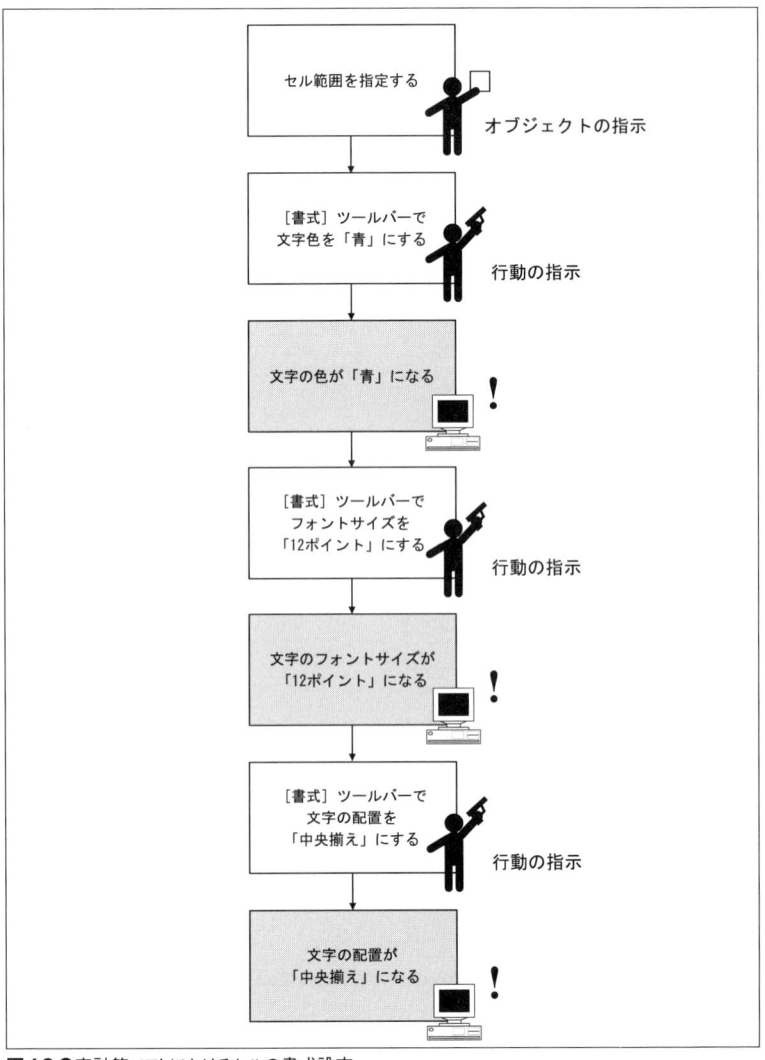

```
セル範囲を指定する        オブジェクトの指示
       ↓
[書式] ツールバーで
文字色を「青」にする      行動の指示
       ↓
文字の色が「青」になる     ！
       ↓
[書式] ツールバーで
フォントサイズを
「12ポイント」にする      行動の指示
       ↓
文字のフォントサイズが
「12ポイント」になる      ！
       ↓
[書式] ツールバーで
文字の配置を
「中央揃え」にする        行動の指示
       ↓
文字の配置が
「中央揃え」になる        ！
```

図10●表計算ソフトにおけるセルの書式設定

ここでは省略しますが、同じ処理を対話型の操作系で実行する場合の操作フローを作成して検討すると、オブジェクト型の大きな利点が明らかになるはずです。

最後に、対話型とオブジェクト型の2つの操作方法の利点と欠点を整理しておきます。

対話型	利点	厳密に操作の手順を学習していなくても、指示を行うことができる。初心者でも利用しやすい。
	欠点	操作開始から終了までの手順が冗長になってしまう。
オブジェクト型	利点	短い手順で済む。連続して同じオブジェクトを操作する場合は、オブジェクトの選択を省略できる。
	欠点	指示の手順を明確に理解していなければならない。ユーザーには対話型に比べて高いスキルが要求される。

表1●対話型とオブジェクト型の操作方法比較

これらの利点と欠点からもわかるように、対話型は学習が少なくて済む操作系であり、オブジェクト型は多くの学習を必要とするが作業効率の良い操作系であると言えます。

3-2-2 2つの操作系の融合

ここまでに説明したように、対話型とオブジェクト型の2つの操作系には、いずれも利点と欠点があります。現時点では、ワープロソフトや表計算ソフトといった汎用的なアプリケーションソフトでは、オブジェクト型の操作系を採用することがほとんどになってきています。これは、現在のGUI OSにとって標準インタフェースとなったマウスという機器が、「オブジェクトの選択」という作業に適したインタフェースであることと、パソコンの普及に伴う一般ユーザーのスキルが大幅に向上したことが大きな理由と言えます。

しかし、この節で説明したように、オブジェクト型の操作系を採用した

場合には、その性格上、ある程度のスキルを必要としてしまうという課題が残されてしまいます。それでは、ソフトウェアにおいて、子どもから高齢者まで幅広いユーザーに受け入れられる操作系が必要となった場合には、どのように対処すればよいのでしょうか。

現在の多くのアプリケーションソフトでは、そのような対応策として、「対話型操作支援機能」（例えば、マイクロソフトのソフトウェアでは、そのような機能を「ウィザード」と呼んでいます）を装備している場合があります。対話型操作支援機能とは、通常のオブジェクト型の操作を対話型で代行することができるオプション機能です。通常はオブジェクト型の操作系を前提としたインタフェースを備えておき、初心者ユーザーに対しては対話型操作支援機能をオブジェクト型操作方法の代替機能として提供することで、2つの操作系の利点を兼ね備えたインタフェースを装備することができます。これは、多くのユーザーが快適に利用できるソフトウェアを提供することにつながります。

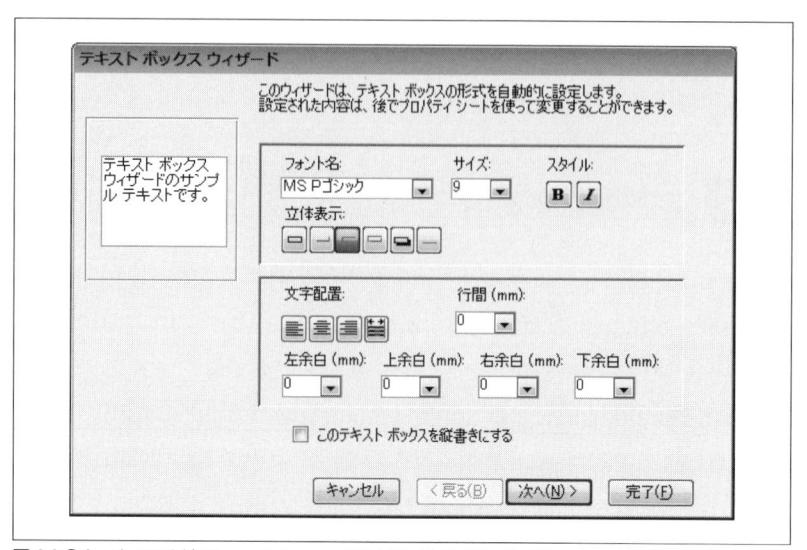

図11●ウィザードの例（Microsoft Accessのテキストボックスウィザード）

3-3 操作の慣れ

操作の慣れというものは、ユーザーインタフェースを考える上でとても重要な要素となります。ここでは、まず日常生活で利用する一般的な道具についての実例を検討し、その後でソフトウェアにおける操作の慣れについての活用方法と注意点について説明します。

3-3-1 学習効果と無意識の操作

人間は、さまざまな道具を使い続けるうちにその道具を使うことに慣れて、操作方法を考えなくても感覚的に操作できるようになります（無意識の操作）。日常生活において、無意識に操作してしまうものにはどのようなものがあるでしょうか。ここで、代表的なものを挙げてみましょう。

・**自動車の操作ペダル**

自動車運転の熟練者は、特に意識することなくアクセル、ブレーキ、クラッチといったペダルを踏み分けて操作します。

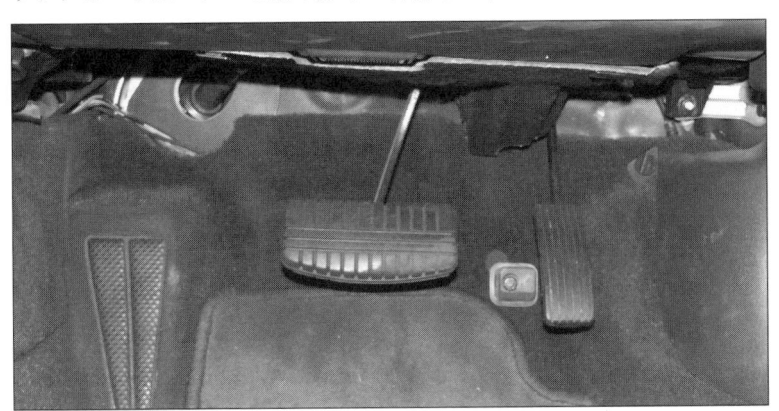

図1●自動車の操作ペダル

Chapter3 操作方法

- **ドアの開け閉め**

　日常利用しているドアは、頭で考えなくても無意識に開け閉めできるようになります。そのため、似たようなデザインのドアの場合には、いつもの癖で操作しようとして、開けることができずに戸惑ってしまうことがあります。

図2●ドアの開け閉め

- **電気のスイッチ**

　普段、その部屋へ出入りするたびに電気のスイッチを切り替えている場合には、部屋の電気がついていなくても、電気を消そうとしてしまうことがあります。

図3●電気のスイッチ

これらの操作に共通するものは、いずれも数え切れないほどの回数の操作を行う道具であるという点にあります。自動車の例であれば、アクセル、ブレーキ、クラッチによる操作は、円滑に車の運転ができるようになったドライバーであれば、今までの運転の中で数え切れないほど繰り返してきているものです。

　このような操作に対する学習効果は、道具を円滑に利用するためには強力な武器になるものですが、その反面、慣れによる操作ミスにつながる恐れもあるということを理解しておく必要があります。このことは、自動車において、ブレーキとアクセルの位置が逆になっている車を運転することを想像するとわかりやすいのではないでしょうか。

　繰り返された学習効果による影響、つまり体に染み込んだ動きというものは、似たような状況が発生した場合に、無意識の操作となって現れるものです。上記の例に挙げたように、いつもは電気をつけている部屋であっても、ちょっとの間だけ電気をつけずに使うことがあります。この場合、部屋を出るときに電気を消す必要がないにも関わらず、ついいつもの癖でスイッチを押して電気をつけてしまったという経験は誰にでもあるのではないでしょうか。このことは、電気のスイッチ程度であれば大した問題ではありませんが、誤ってスイッチを入れてしまうと大きなトラブルにつながる可能性がある道具というものはいくらでも存在します。

　ソフトウェアにおいても、このような慣れから来る無意識の操作というものを想定したインタフェース設計を心がけなければなりません。無意識の操作をうまく利用すれば、ユーザーが使いやすいシステムになり、逆にこれを無視した設計ではヒューマンエラーにつながる操作ミスなどのトラブルが発生することになります。

3-3-2 ソフトウェアにおける操作の慣れ

前述の日常生活における道具と同様に、ソフトウェアにおいても幾度も繰り返された操作の学習効果によって無意識の操作が起こります。ここでは、キーボードとマウスにおける操作の慣れについて考えてみましょう。

キーボードにおける無意識の操作

キーボードを利用している場合の操作の慣れについては、どのようなことがあるでしょうか。例えば、キーボードに慣れたユーザーの場合には、ワープロソフトなどでタイプミスをしたときに、無意識に [Back Space] キーに手が伸びることがあります。 [Esc] キーでやりかけの操作を取り消すことができるソフトウェアを日常的に利用しているユーザーは、別のソフトウェアでも操作ミスのたびに無意識にこのキーを利用してしまうようです。

キーボードには、アルファベットや数字などの文字を入力するためのキーと、 [Enter] キーや [Esc] キーなどの動作を実行するためのキーがあります。文字を入力するためのキーを利用する場合には、ユーザーは"入力する文字"を頭で考えてから操作することになることが多いため、操作の慣れによるミスは少ないかもしれません。しかし、前述した [Back Space] キーや [Enter] キー、 [Esc] キーといったキーは、削除や確定、取り消しといった動作を実行するための「動作キー」であるため、無意識の操作によって利用される可能性が高いと言えます。同様に、ファンクションキーも、普段長時間利用しているソフトウェアによっては無意識のうちに操作してしまう対象となり得ます。

図4●キーボードには文字を入力するキーと動作を実行するキーが含まれている

マウスにおける無意識の操作

　次に、マウスを使った操作について考えてみましょう。結論から言ってしまうと、マウスはキーボードに比べて、無意識の操作が発生しやすいインタフェースと言えます。

　最近は多くのボタンや複数のホイールなどが装備されたマウスも販売されていますが、マウスによる基本的な操作としては以下の3つを挙げることができます。

・マウスを動かす
・ボタンをクリックする(またはダブルクリックする)
・ボタンを押しながらマウスを動かす(ドラッグする)

　マウスは、GUI画面で利用することで、これらのたった3つの操作方法によってソフトウェアを操作できる極めてシンプルなインタフェース機器です。現在のGUI OSでコンピュータに何かを指示する場合には、画面上でマウスポインタを移動して、そこにあるボタンやアイコンをクリックするという操作がほとんどです。その操作対象となる場所は画面内で同じ位置になることも多く、ユーザーは毎回同じ場所にマウスを移動するという操作を幾度となく繰り返すことになります。つまり、マウ

スというインタフェース機器は、ユーザーが覚えるべき操作がとても少ないものであるために、その分だけ慣れるのも早く、無意識の操作もキーボードに比べて増えるというわけです。

　ここで、もう一度、最初に取り上げた日常生活における3つの例(自動車の操作ペダル、ドアの開け閉め、電気のスイッチ)を思い返してみましょう。これらの例に共通していることは、いずれも操作方法自体が非常にシンプルであるという点にあります。そして、マウスというインタフェース機器も、シンプルであるがゆえにユーザーの無意識の操作が多くなり、トラブルを引き起こす危険性が高くなります。マウスを利用したソフトウェアを設計する場合には、この無意識の操作が発生しやすいという点に注意しなければならないのです。

3-3-3　誤ったインタフェース設計とその対応方法

　それでは、実際のソフトウェアにおいて、この無意識の操作にはどのような問題が発生するのでしょうか。ここでいくつかの例を見てみることにしましょう。

誤ったインタフェース設計によって発生する問題①

　無意識の操作が影響する最も代表的なケースとしては、メッセージボックスの操作が挙げられます。メッセージボックスにも数多くの表示方法がありますが、その中でも[はい]と[いいえ]を選択できるようなメッセージボックスの場合には注意が必要です。

　[はい]と[いいえ]のボタンが配置されたメッセージボックスでは、経験上ユーザーは左側に[はい]のボタン、右側に[いいえ]のボタンが配置されているものと認識します(Windowsの場合)。そのため、あるソフトウェアで突然左側に[いいえ]が配置された場合にも、[はい]のつもりで左側のボタンをクリックしてしまうことがあり得ます。また、逆に処

理を中断するつもりで、誤って右側の[はい]をクリックしてしまうかもしれません(**図5**)。

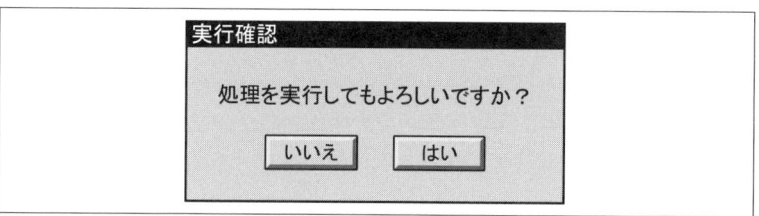

図5●通常とは逆に[いいえ]を左側に配置した2択のメッセージボックス

さらに誤りが発生しやすいケースを紹介しましょう。あるソフトウェアでは、ドキュメントを保存せずにプログラムを終了しようとした場合に、[はい]、[いいえ]、[キャンセル]の3つのボタンを持つメッセージボックスを表示していました(**図6**)。

図6●処理を終了するときに表示されるメッセージボックス1

そして、このソフトウェアでは複数のドキュメントを使用している場合には、[はい]、[すべて保存]、[いいえ]、[キャンセル]の4つのボタンを表示するようにしていたのです(**図7**)。

図7●処理を終了するときに表示されるメッセージボックス2

あるユーザーがこのソフトウェアの操作に慣れており、そしていつもは1つのドキュメントでばかり操作していると仮定します。あるとき、珍しく複数のドキュメントを同時に操作しており、これらのドキュメントを終了しようとした際に、このようなダイアログボックスが表示されたとしたら、どのようになるでしょうか。

そのユーザーがいつもと違うメッセージボックスであることに気付けばよいのですが、「保存しないで終了する場合は、左から2番目のボタンをクリックすればよい」という操作に慣れてしまっている場合には、誤って[すべて保存]をクリックしてしまう危険性があります。これは普段[いいえ]が表示されている位置に[すべて保存]を表示していることが誤りの原因であるため、**図8**のように[はい]ボタンの下に[すべて保存]を配置したり、**図9**のように[はい]ボタンの下に[すべてのドキュメントを対象とする]チェックボックスを装備したりするなどの方法で解決すべきです。

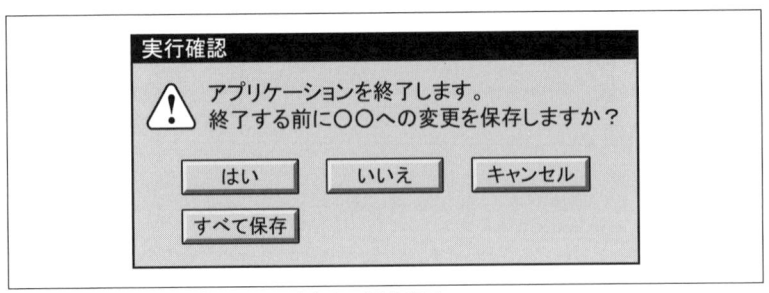

図8●複数ドキュメントの際のメッセージボックス(改善案1)

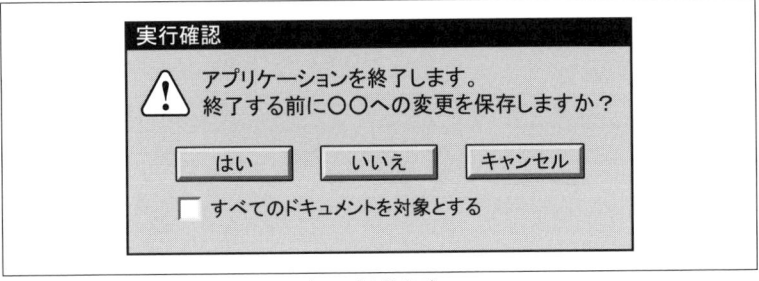

図9●複数ドキュメントの際のメッセージボックス(改善案2)

誤ったインタフェース設計によって発生する問題②

前述のメッセージボックスで発生する問題は、普段見慣れた形状のインタフェースを提供した場合に、よく起こり得るトラブルであると言えます。この問題と同様に、あまり好ましくないインタフェースとして、利用頻度に応じて変化するメニュー機能も挙げられます(**図10**)。

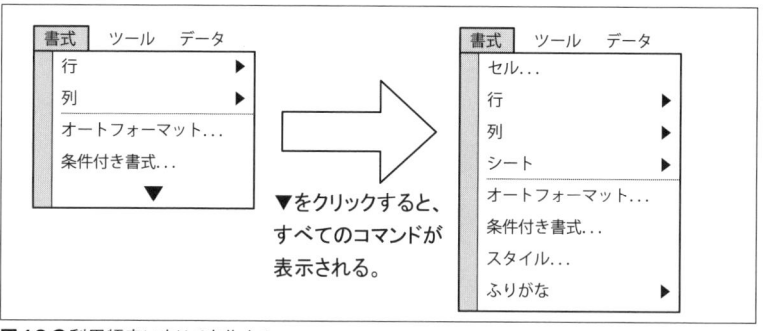

図10●利用頻度に応じて変化するメニュー

このようなインタフェースは、最近のソフトウェアではある種の"はやり"であり、マイクロソフトの製品を始めとして数多く採用されているものです。一見すると使いやすいインタフェースであるように錯覚しますが、実際に"慣れによる無意識の操作"を行うほどにまで習熟したユーザーは、「上から2番目のコマンド」や「1番下のコマンド」といった具合に体に馴染んだ感覚で操作することも多いため、誤った操作を引き起こしてしまう危険性がつきまといます。

3-3-4 無意識の操作への対応

　前の項で取り上げたボタンやメニューのいずれの場合も、熟練ユーザーはインタフェースに記述された文字を読む前に、表示位置で無意識に判断して操作してしまうということがトラブルの原因になっています。

　それでは、操作に慣れたユーザーの場合でも、確実に処理を行ってもらうためにはどのようにすればよいのでしょうか。代表的な対策としては、選択肢の表示に文字だけではなく、アイコンや色を利用する方法があります。

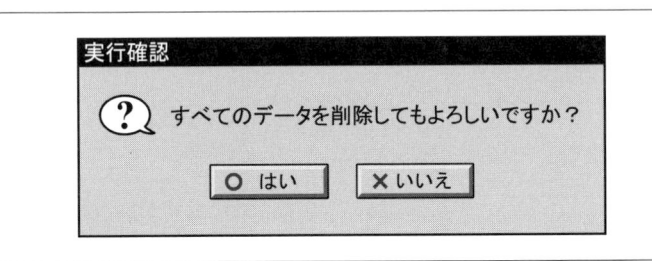

図11●アイコンを利用した確認メッセージ

　この例のようにアイコンを利用したメッセージボックスは、文字だけを利用した場合に比べて、慣れによる操作ミスが幾分少なくなります。また、重要なメッセージボックスでは色(特に赤)を利用した警告メッセージを用意するなどの方法も効果的です。

　しかし、これらの対策も、熟練ユーザーによる無意識のうちに手が動いてしまうほどの操作の慣れには効果がありません。その場合には、おそらくマウスで操作し終えた後に、「何かメッセージがいつもと違ったような気がする」といったように気付くことになるかもしれません。そのため、元に戻すことができないような重要な処理については、確認メッセージを追加するなどの方法を検討すべきです。

　ここで実際に、重要な処理(誤って操作した場合に取り返しがつかないような処理)を確実に実行してもらうためのいくつかの方法を紹介しましょう。

あえてキーボードを利用する方法

ユーザーが一度マウスから手を離さなければならないような操作方法にすることで、無意識に操作してしまう危険性を排除できます。例えば、図12のように「処理を実行する場合には"yes"と入力してください」といったメッセージを表示して、ユーザーからの特定の文字列の入力を要求する方法があります。このやり方であれば、ユーザーは明確にキーボードで「yes」と入力するため、誤った反射的な操作を除外することができます。また、マウスだけで操作できてしまうインタフェースに比べれば、画面上の文字を読んでもらう時間が増えるはずです。

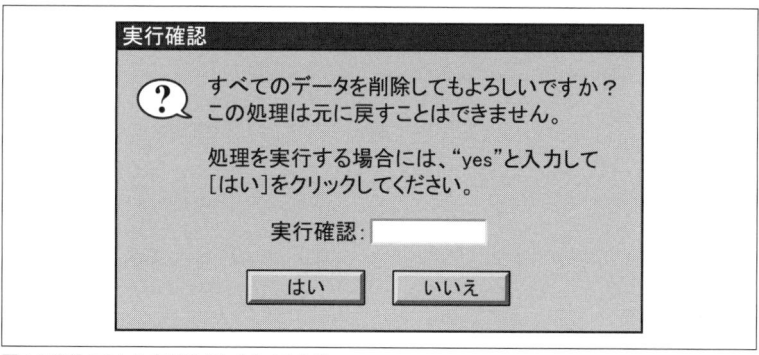

図12●決められた文字列を入力させる方法

権限を与えられたユーザーのみに実行を許可するような機能であれば、あらかじめ決めておいたパスワードを入力してもらうという方法にしてもよいでしょう。いずれの方法も、マウスによる無意識の操作だけでは、処理が進行できないようにすることが可能になります。

確認用のチェックボックスを用意する方法

ダイアログボックスの中に、確認用のチェックボックスを用意するというのも良い方法のひとつです。次ページ図13は、重要な処理を実行するダイアログボックスですが、ここで[はい]をクリックするために

は、まずチェックボックスをオンにする必要があります。

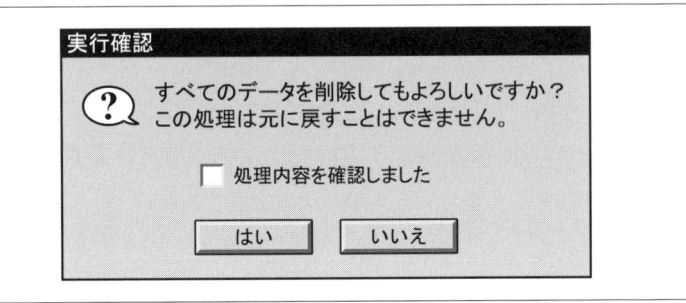

図13●チェックボックスを追加したダイアログボックス

COLUMN ATMにおけるテンキーの配置

　最近の銀行のATMでは、カメラによる暗証番号の盗撮に備えるため、テンキーの配置を毎回変化するような機能を備えた機械が登場しています。しかし、このような配置の変更は、ユーザーによる慣れの操作をも排除することにつながるため、非常に使いにくいものです。特に暗証番号を入力する場合には、基本的には毎回同じ位置を操作するため、テンキーの数字配置が変わってしまうことによる影響は大きなものがあります。

　このように毎回変化するものを除くと、ATMのテンキーには電卓式が最も多く採用されていますが、それ以外にも電話式や数字を並べただけの並列式のテンキーもあります。

　電卓式のテンキーが初めて採用されたのは、1914年に米国で発表された「Sundstrand Adding Machine」という機械式卓上加算器(レジスター)です。この計算機では、機械の構造上の理由からこのようなキー配列に決められたと言われています。そして、現在では電卓だけでなく、事務機器のテンキー配列は、国際標準化機構(ISO)で国際標準として定められています。

一方のプッシュ式の電話機は、電卓よりも後から世の中に登場しました。プッシュ式の電話機のキー配列は、ITU－T（国際電気通信連合の電気通信標準化部門）によって策定されたものです。数字が上から1、2と並んでいた方が使いやすいというのが、この配列になった理由とされています（この頃の電話機は壁掛けのスタイルで利用していたため、上から数字が並んでいた方が自然であったのかもしれません）。

　現在では、ユニバーサルデザインの観点（目の不自由な人への配慮）から、銀行のATMや駅の券売機、コピー機やファックスなどの事務機器も電話式に統一され始めているようです。

電卓式（左下が1）のテンキー　　電話式（左上が1）のテンキー

並列式のテンキー

3-4 時間の要素

　現在のソフトウェアにおいては、時間の処理も大切なインタフェース要素のひとつと言えます。どんなにわかりやすく、使いやすいインタフェースを備えたソフトウェアであっても、操作に時間がかかりすぎたり、処理速度が我慢できないほど遅かったりする場合には、ユーザーはそのソフトウェアに対して、いらだちを感じ、操作すること自体に拒否反応を示すようになってきます。

　ここでは、操作時間や処理時間といった時間に関するインタフェース上の注意点やデザイン上のテクニックを紹介します。

3-4-1　ユーザーへの処理に関する情報提供

　ソフトウェアの処理内容やデータ量、コンピュータのスペックによっては、どうしても処理時間が長く掛かってしまい、ユーザーのいらだちが予想されることがあります。そのようなときには、ユーザーに対して、処理に関する情報の提供を検討してみましょう。

・処理の予想時間を表示する

　数十秒以上の長い時間が掛かる場合には、まずおおよその処理時間をユーザーに掲示することが大切です。処理時間の予想値が必ずしも正確でない場合には、途中で少しずつ時間の表示を調整してもよいでしょう。

　例えば、通信ソフトにおけるダウンロードやアップロードの時間表示が良い例です。この場合には、転送ファイルの残量と現在の転送速度から、常に残りの処理時間を割り出して表示します。

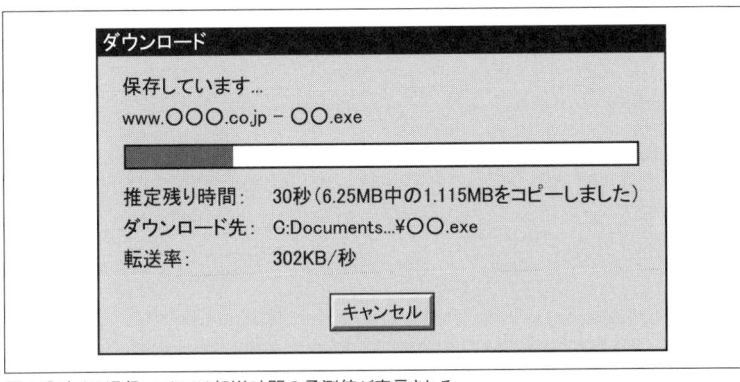

図1●多くの通信ソフトでは転送時間の予測値が表示される

最近よく見かけるようになった「経過時間表示機能付歩行者用灯器」と呼ばれる時間表示のバーが付いた歩行者用信号機も、このような処理の一種です。この歩行者用信号機の経過時間(残時間)表示機能も、やはりイライラ防止(とそれに伴う信号無視の減少)を目的としたものです(実際には、目的とは反対にフライング横断の発生率が高くなると言う調査結果も出ているようです)。

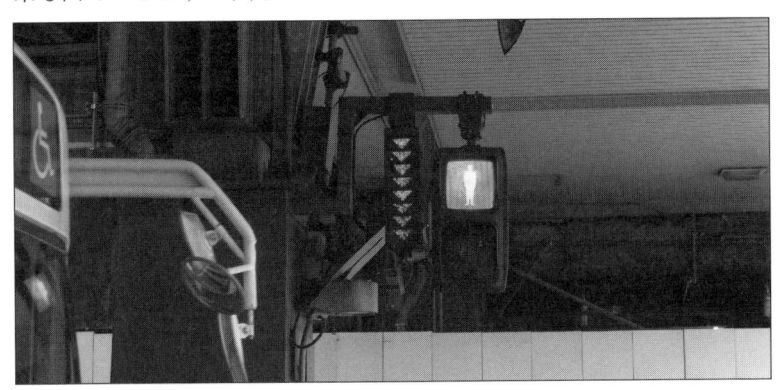

図2●経過時間表示機能付歩行者用灯器

・**処理の件数や比率を表示する**

時間の予想が困難であったり、"処理時間の算出に時間が掛かる"ときには、処理件数を表示したり、全体量から見た比率を表示したりする方法

が考えられます。ユーザーははっきりした時間は把握できなくても、件数や比率が表示されることで、ある程度の目安を得られるため、"安心感"を持ちます。また、同時に現在行っている処理内容も表示すれば、さらに効果が上がります（ユーザーは、何をしているために時間が掛かっているのかがわからないことを最もいやがるものです）。インストール時や起動時の関連ファイルの読み込み時には、多くのソフトウェアでこのような情報の表示を行っています。

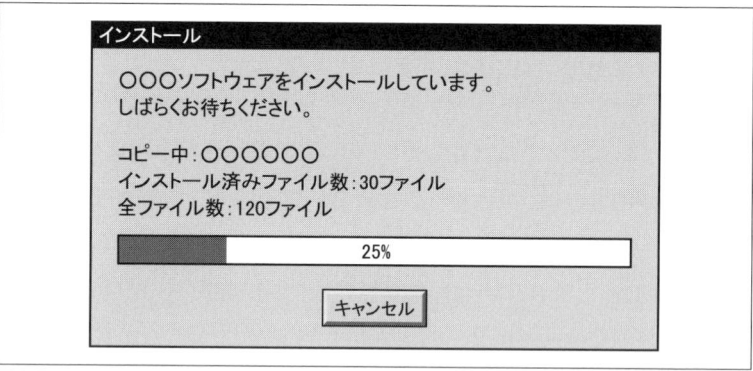

```
┌─ インストール ──────────────────┐
│                                │
│  ○○○ソフトウェアをインストールしています。│
│  しばらくお待ちください。         │
│                                │
│  コピー中：○○○○○○           │
│  インストール済みファイル数：30ファイル │
│  全ファイル数：120ファイル        │
│                                │
│  ┌──────────────────────────┐  │
│  │████         25%          │  │
│  └──────────────────────────┘  │
│                                │
│         ┌ キャンセル ┐         │
│         └──────────┘           │
└────────────────────────────────┘
```

図3●インストール画面では、コピー中のファイル名とインストール済みファイル数、全ファイル数が表示される

3-4-2 処理時間を錯覚させるごまかし方

　ちょっとした待ち時間なら、アニメーションを利用するなどの方法で"処理時間をごまかす"ことができる場合があります。アニメーションを利用した上手なごまかしは、そのまま"ソフトウェアのセールスポイント"にしてしまうことさえも可能になります。

　ここでは、処理時間を錯覚させるごまかし方のテクニックのいくつかを紹介しましょう。

・**アニメーションを利用する**

　ユーザーが最も楽しめる"ごまかし方"は、処理内容を表すアニメーションを利用することです。例えば、計算している最中に数字を画面上で動

かしてみたり、難しい考え事をしている人の顔を表示してみたりと、アイデア次第でさまざまなアニメーションが利用できます。ただし、アニメーション処理は、CPUにある程度の負担をかけるということを忘れずにデザインしなければなりません。過度なアニメーション処理は、ユーザーに「そんなことをやっている暇があったらもっと急いでくれ」という気持ちを抱かせることもあり、本来の目的からすると逆効果になりかねません。

上手な利用例としては、Windowsのファイルコピーやファイル削除のアニメーションが挙げられます。ファイルコピーやファイル削除の経過表示画面では、処理内容や残時間予想と共に、コンピュータがどんな処理を行っているのかをユーザーにアニメーションで伝達しています。

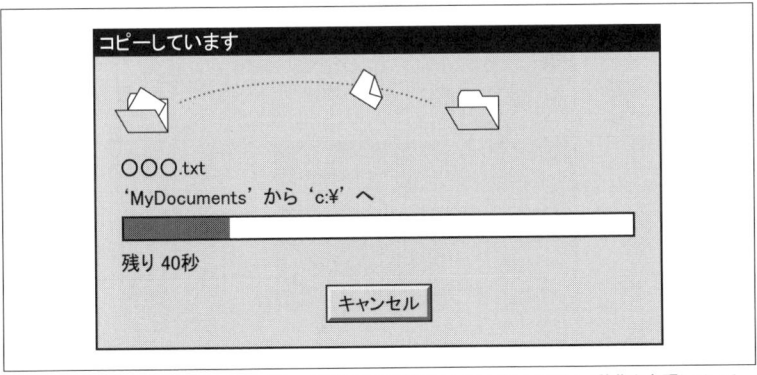

図4● Windowsのファイルコピーでは、書類が別の箱に飛んでいくことでコピー動作を表現している

・**ゲームソフトにおけるモンスターの出現**

国民的な人気を誇る「ドラゴンクエスト」というロールプレイングゲームがあります。ドラゴンクエストはユーザーの操作する主人公が冒険の旅に出て、さまざまなモンスターと戦いながら、目的を達成していくというストーリーになっています。このゲームはモンスターと戦うことが中心になっているため、ゲーム中には多くの種類のモンスターが幾度も出現します。

しかし、最初のバージョン(ファミコン用)では、ゲームカートリッジの

ROM（リードオンリーメモリ、読み取り専用の半導体メモリのこと）から図柄のデータを読み出す処理が遅く、数秒のタイムラグが避けられないものになっていました。もちろん、ほんの一瞬のことですが、せっかくゲームのムードが盛り上がり、主人公のどきどきした気分をユーザーが楽しんでいるところに一瞬であっても操作できなくなってしまうというのは、せっかくのユーザーの気分を損ねてしまいます。そこで、ドラゴンクエストではROMからデータを読み出している最中に、出現音とともにうずまき状のアニメーションを表示するようにしていました。その結果、本来の読み込み時間よりも"実際はさらに長い時間が掛かっている"にも関わらず、ユーザーの気分をより一層盛り上げる効果を上げることに成功していたのです。

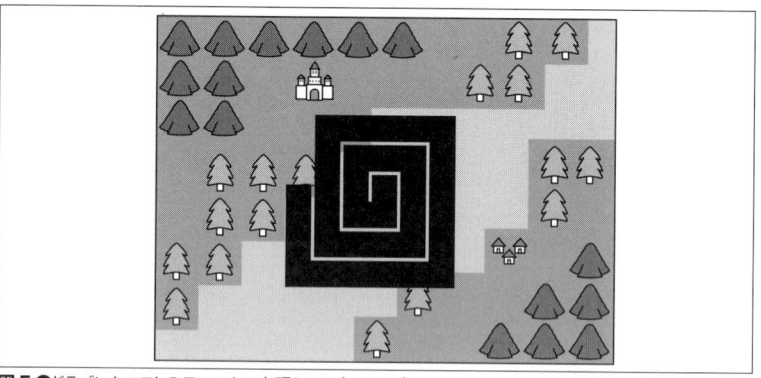

図5●ドラゴンクエストのモンスター出現シーン(イメージ)

このようなアニメーションの利用は、ユーザビリティを向上させた多くのゲームソフトで採用されています。例えば、プレイステーションで発売された「バイオハザード」は、ゾンビの潜む洋館を探索するアドベンチャーゲームですが、この頃のハードウェアにはハードディスクが搭載されていなかったこともあり、CD-ROMからのデータの読み出しに時間が掛かってしまうという欠点がありました。

そこでバイオハザードでは、別の部屋などに移動する際に扉をゆっくりと開けるアニメーションを入れることで、ユーザーをしらけさせること

なく上手に時間を稼いでいたのです。不気味にゆっくりと開いていく扉のアニメーションは、逆に怖さを倍増させる効果を与えていました。

図6●バイオハザードの扉によるシーンの切り替え(イメージ)

COLUMN　エレベータホールでの待ち時間

　この項で取り上げたような待ち時間の課題解決は、いろいろなシーンで要求されるものです。有名な話としては、『問題解決のアート』(ラッセル・L・エイコフ著、川瀬武志翻訳、辻新六翻訳、1983年)に掲載されている「エレベータの話」があります。この話は、以下のようなものです(本書より一部修正して抜粋)。

　ある大きなオフィス・ビルの支配人がそのビルのエレベーター・サービスについての不平(それは特にラッシュ時についてのものであったが)を聞かされることが多くなってきた。大きな店子のいくつかがエレベーター・サービスが改善されなければ引っ越すと脅したので、支配人はついにこの問題を調べてみることを決意した。
　彼はエレベーター・システムの設計を専門にしているコンサルティング技術者のグループを呼んだ。事情を調べた彼らは3つの可能な方策を見いだした。(次ページへ続く)

(1)エレベーター数を増やす、(2)現在あるエレベーターのいくつかあるいは全部をより速いエレベーターと取り換える、(3)より速いサービスを提供するために、適切な"行き先を指示する"コンピューター中央制御システムをつける。

　技術者達は、これらの代替案の損益分析を行った。彼らは、エレベーターを増やすか、取り換えるかしない限り、エレベーター・サービスを十分に改善することはできない、しかしどちらかを行うにしろ、その費用は、このビルの収入からすると大きすぎることを発見した。実際、こちらの代替案のどれもが支配人にとって受け入れがたいものだった。技術者達は支配人にこのジレンマを残したまま去っていった。

　絶望的にでもならなければめったにやらないことを支配人はした。すなわち、彼は部下に相談したのである。彼は、スタッフ会議を招集し、"ブレイン・ストーミング"の場にその問題を提出した。多くの提案がなされたが、そのひとつひとつが結果的につぶされた。議論のペースが落ち、話の切れ間にきたとき、それまで口を開かなかった人事課の新人で若いアシスタントが、おずおずとひとつの提案を行った。その提案は、すぐに出席者全員に受け入れられた。2、3週間の後に、比較的少ない出資でこの問題は消え去ってしまった。

　等身大の鏡が各階のエレベーター・ロビーの壁に据え付けられたのである。この若い人事担当の心理学出身者は、その不平がエレベーターを待っている間の退屈から起こるものだと推論していた。実際の待ち時間はごく小さかったが、しかし待っている間、何もすることがなかったので長く思えたのだった。彼は人々に何かすることを提供したのである。すなわち、自分自身や他人(特に異性)をわざとらしくなく見る機会を与えたのである。このことは、彼らの気分をよいものにした。

3-4-3　操作時間の統一による安心感

　その昔、ソフトウェアにおいては、どれだけ速く処理を行うかということが評価のほとんどを占めていました。当然プログラマも高速に処理を行うことを目標に技術を磨いてきましたが、ハードウェアの大きな進化に伴い、少しずつ"贅沢な寄り道"が許されるようになってきました。ここで紹介する処理時間の統一も、その"贅沢な寄り道"のひとつです。

　ユーザーがソフトウェアの操作に慣れてくると、頭で考えずに自然と操作するようになるということは、既に「3-3　操作の慣れ」で述べた通りです。そこでは、ソフトウェアの操作に習熟したユーザーに対するメニュー位置固定の重要性を説明しましたが、この項で取り上げる時間の概念も同じぐらいに重要な要素です。

　ここで、自宅玄関の扉の開け閉めを例に挙げて考えてみましょう。あなたが数え切れないほど頻繁に使用している扉であれば、開けた扉を後ろ手で閉めようとするときに、体で覚えているタイミングで手を動かすはずです。それでは、たまたまこの扉の金具が少しだけさび付いているとしたらどうでしょうか。さび付いた金具が付いている扉は軋みながら閉まるため、他の扉に比べて閉まる時間が少しだけ長くかかってしまうことになります。しかし、毎日何度も使用していれば、この"少し遅い"タイミングに自然と体が合わせてしまうようになります。そして、ある日、あなたの家族の誰かが気を利かせて、この扉の金具に油を差しておいてくれたとすると、次に閉めようとしたときに"速すぎる扉"の開閉のため、手を扉に挟んでしまうことになるかもしれません。

　この例のように、熟練したユーザーは操作を微妙なタイミングによって覚えることがあるのです。そのため、場合によっては、操作に関連する処理速度をわざと遅い操作に合わせて一定にしておくことも必要となります。

　また、動作時間を統一して擬似的な時間軸を作り出すといったことも、ユーザーの認知から考えた場合には非常に効果的です。例えば、ある

PERT図[※1]のソフトウェアを考えてみましょう(**図7**)。このソフトウェアでは、画面のようにPERT図を左右に移動して表示することができます。このとき、一般的に左右の移動速度は画面上に表示される図の複雑さや量によってまちまちです。つまり、項目のオブジェクトが少ないところは高速に動作し、多いところはゆっくりと動作します。このような場合には、移動速度をある程度一定にする(遅い表示に合わせる)と、ユーザーは時間の感覚を持ちながら画面を移動することができ、コンピュータの作り出す時間軸の中で擬似的な工程を"擬似的に体験"できるようになります。

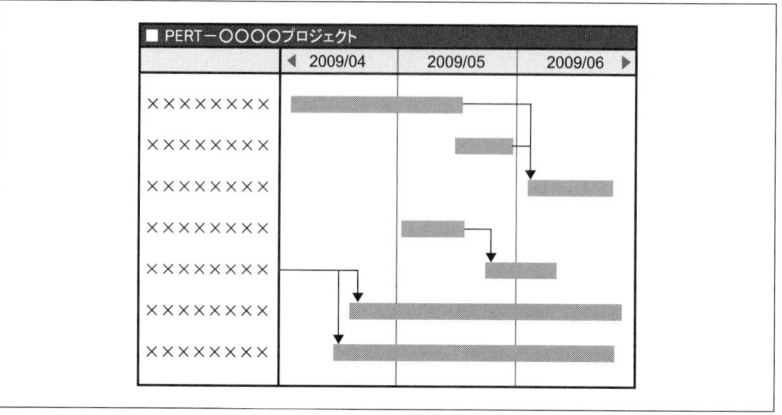

図7 ● PERT図のソフトウェアでは、移動速度を一定にすることで、作業項目やその工程を確認しやすくなる

3-4-4　システムへの時間要素の導入

　時間を利用したインタフェースを導入することは、使いやすいソフトウェアにとって大切なことです。ここでは、ソフトウェアにおける時間の利用例を紹介しましょう。

・ツールのヘルプ表示
　ツールバーのボタンにマウスポインタをしばらく合わせたときに表示さ

※1　プロジェクトの工程管理を行うための図のこと。各作業項目の相互依存関係を時系列に並べて表示します。

れる「ツールチップ」（ツールヒント）は、時間を利用した機能のひとつです。ツールボタンにマウスポインタを合わせたときに常にボタンの使い方を表示してしまうと、ボタンをクリックするために移動したとき（つまり通常の操作）にはクリック操作の邪魔になってしまいます。そのため、ツールチップはマウスポインタを"一定時間合わせ続けた場合"にだけ、ポップアップウィンドウで解説を表示します。これは、"一定時間待つ"という時間によるユーザーからの操作指示を利用した良い例です。

・スクリーンセーバー

スクリーンセーバーは、コンピュータを一定時間操作しなかったときに、画面上にアニメーションなどを表示するソフトウェアです。現在のほとんどのGUI OSには、スクリーンセーバー機能が装備されており、ユーザーがマウスやキーボードなどでコンピュータを操作しなくなってからスクリーンセーバーが起動するまでの時間も指定できるようになっています。本来はディスプレイに長時間同じ画像が表示され続けることによる"焼き付き"を防ぐための機能でしたが、液晶ディスプレイを搭載したコンピュータが主流となった現在ではその本来の意味はほぼ失われ、離席中に別のユーザーによる不正利用を防ぐための目的で使用されるようになっています。

動作をわざと遅くする？

ソフトウェアにおける時間の利用の最後として、「わざと遅くする」ということを考えてみましょう。

人間というものは不思議なもので、あまり速く出された結果やすぐに終わった処理については、その処理内容の確かさを疑ってしまうことがあります。例えば、10万件のデータから合計値を算出する際に、優れたプログラマによるすばらしいプログラムのおかげで、瞬時に結果が表示された場合、もしかしたらこのソフトウェアを利用するユーザーはあま

りに速すぎる計算結果に対して不安に思うかもしれません。このようなときには、意図的に数秒間アニメーションを表示して計算している"ふり"をするというのも、ユーザーの不安を取り除く良い方法になります。

このことは、データの保存処理なども同様です。ユーザーが想像するよりもずっと速く保存が完了してしまう場合には、わざと少しだけ多くの時間をかけることで、ユーザーに安心感を与えることができます。なお、データの保存処理においては、保存結果を画面上に表示するなどのユーザーへのフィードバックも有効です。ユーザーへのフィードバックについては、「4-2-5 ユーザーへのフィードバック」を参照してください。

速すぎる処理は、ときにはユーザーにストレスを与えてしまうことがあります。処理を実行するボタンをクリックしたときに、必ずしも瞬時に次の画面を表示することが最良とは限りません。場合によっては、ユーザーがマウスのボタンをクリックしてから、一呼吸置いてから次の画面を表示した方がよいこともあります。

COLUMN　ホームページの待ち時間

　ユーザーがURLアドレスを指定したり、リンクをクリックしたりして目的のホームページを表示しようとした場合、大多数のユーザーが待つことができる時間は8秒間であると言われています。それ以上の待ち時間がかかるホームページは、半数程度のユーザーが待ちきれずにそのホームページを見ることをやめてしまうそうです。

　この他、シチズンによる待ち時間の調査では、半数以上の人間がいらいらする時間がエレベータで30秒、信号待ちで30秒、レジ待ちで2分といった結果が出ています（参考：ビジネスパーソンの「待ち時間」意識調査、http://www.citizen.co.jp/research/time/20030528/01_02.html）。

3-5 ターゲットユーザーによる違い

インタフェースデザインにおいて大切なことは、そのソフトウェアのターゲットとなるユーザーについて正しく分析しておくことです。ここで難しいのは、一言でユーザー分析といっても誰が使うのかだけではないということです。なぜなら、同じユーザー（人間）であっても、ソフトウェアを利用する場所や時間、目的等によって、意味が変わってくることも少なくないためです。

ここでは、ソフトウェアのターゲットユーザーを分析する上で、注意すべき点を確認してみましょう。

3-5-1　ユーザーレベルによる設計の変更

最初に、ターゲットユーザーをユーザーレベルによって分類する方法を検討します。ここでは、ユーザーを年齢による分類と、機械に強いまたは弱いユーザーによる分類で整理することにします。

ユーザーの年齢による分類

ソフトウェアのターゲットユーザーの年齢は、大きく分けると幼児、小学生、学生・社会人、高齢者に分類できます。当たり前のことですが、どんな年齢層にも経験や好みなどにより、いろいろなタイプのユーザーが存在するため、以下のポイントはあくまでも標準的なものであるという点に注意してください。

・幼児

文字の読み書きが未熟であることを前提としなければなりません。文字によるメニューは表記等に特に注意して、アイコンも色や形によって、

はっきりと違いが判別できるものを採用した方がよいでしょう。

・小学生

学校で利用するソフトウェアと家庭で利用するソフトウェアでは、それぞれ異なるインタフェースが要求されます。学校で利用するソフトウェアの場合、子どもたちは目の前の操作に没頭する傾向があるので、複雑なメニュー構造はできるだけ避けて、必要な機能だけを明確に表示するようにしましょう。画面に面白そうなものが表示されていれば、たとえ必要のないものであっても気になって、つい触ってしまうことがあります。

また、文字による表示内容には配慮が必要です。まだ学習していない漢字の使用はもちろんですが、漢字を覚えきっていない子どもたちに対して、"省略された形状"を持つ小さなサイズのフォントは避けるべきです。

9ポイント	意育員寒漢県庫集暑章植真整着
10ポイント	意育員寒漢県庫集暑章植真整着
11ポイント	意育員寒漢県庫集暑章植真整着
12ポイント	意育員寒漢県庫集暑章植真整着

表1●各級数のフォントを拡大したもの。省略された形状を持つ漢字が多いことがわかる

・学生・社会人

さまざまな操作系を総合的に判断して採用する必要があります。コンピュータの熟練度もさまざまで、最も幅広いユーザー層が考えられます。このため、一般的に利用される標準的なアプリケーションソフトの操作系を採用するのが理想的かもしれません。このユーザー層の場合には、経験によってレベルの違いが顕著になるため、使い込むにつれて自分用にカスタマイズできるメニューやツールの採用も効果的です。

・**高齢者**

機械に対する不安感をできるだけ解消することを第一に考えます。複雑なメニュー構造を持たないような構成にして、すべての画面に説明を入れるなどのガイダンス機能が有効です。また、処理の結果に不安を覚える傾向が高いため、ユーザーに対するフィードバック(処理結果の表示)をはっきりと行うことも重要です。

機械に強いユーザーと機械に弱いユーザー

機械に強いユーザーほど、できるだけ無駄な手順なしに処理を完了できることを望む傾向があります。そのため、過剰な確認メッセージ、警告メッセージなどを邪魔であると考えることが多くなります。そのため、ヘルプ画面なども、必要に応じてユーザー自身が呼び出すような方法を検討すべきです。このようなユーザーにとっては、オブジェクト型のインタフェースが適切です。

逆に、機械に弱いユーザーの場合は、いつでもやり直しができるインタフェースの方がストレスなしに利用できるようになります。このようなユーザーをターゲットにする場合には、常にコンピュータからの問いかけに答えながら操作する対話型のインタフェースが適切です。オブジェクト型インタフェースと対話型インタフェースについては、「3-2 操作手順と機能の流れ」を参照してください。

3-5-2 利用場所と利用時間による設計の変更

次に、利用場所と利用時間によっても、インタフェースデザインの検討が必要であるということについて説明します。

どこで使うのか？

同じユーザーが操作する場合であっても、利用する場所によってインタフェースの検討が必要になります。例えば、同じ小学生をターゲットとしたソフトウェアであっても、家庭での利用を想定したものと学校での利用を想定したものとでは、要求されるインタフェースデザインが異なります。

この場合、最も注意すべきことは、学校においては「先生」が指導するという点です。このような環境下で利用されるソフトウェアの場合には、必ず先生が生徒に操作を指示しやすいインタフェース（正確に指示ができるインタフェース）を装備しておかなければなりません。

ここでお絵かきソフトでの例を挙げてみましょう。次の図は、ちょっとしたインタフェースの違いを持つ2つのお絵かきソフトです。

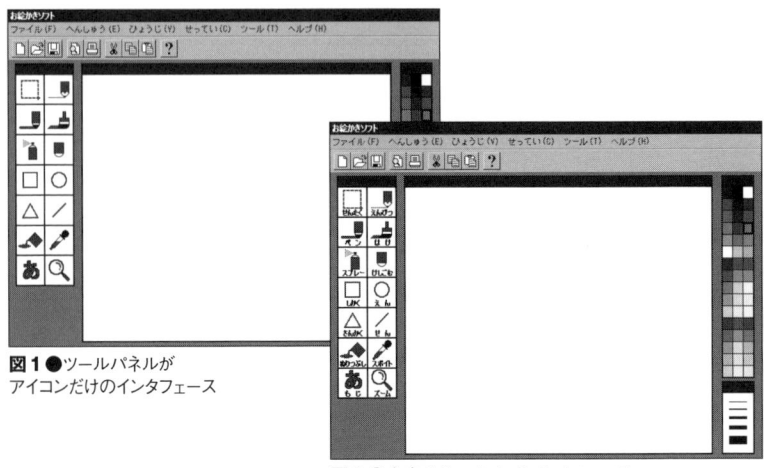

図1●ツールパネルがアイコンだけのインタフェース

図2●文字入りアイコンのインタフェース

図1のインタフェースはシンプルなアイコンを持ち、見栄えのよいデザインであるかもしれません。これに対して、図2のインタフェースはそれぞれのアイコンに文字が入っており、見た目はあまりよくないように思えます。

　しかし、学校で利用するソフトウェアの場合には、先生が子どもたちに対して正確に使用する機能を指示できるようにするために、基本的に図2のインタフェースを持つソフトウェアが必要になります。図1のインタフェースを持つソフトウェアを使用する場合には、「左側の上から3番目のスプレーの絵が描いてあるアイコンをクリックしてください」といった具合に指示を出さなければなりません。しかし、図2のインタフェースであれば、「"スプレー"をクリックしてください」のように短く正確な指示を出すことができるようになるのです。

　ここでは学校での利用を例に挙げていますが、このようなことは企業内でも起こり得ます。例えば、多くのユーザーに配布するソフトウェアで、その利用方法について電話等によるサポートの機会が多いことが想定される場合には、電話（言葉）だけでアイコンなどを的確に示すことのできる図2のようなインタフェースが理想的と言えます。上級ユーザーの利便性向上だけを念頭に置いて、ユーザーごとに自由に画面や機能カスタマイズできるようなインタフェースの場合、画面を見ずに電話だけでの操作指示はとても困難なものになります。

　利用場所が影響しやすいインタフェース要素としては、効果音や音声も挙げられます。効果音や音声はインタフェースとしては、とても効果的なものですが、他の人に迷惑がかかる会社や学校ではスピーカの音量ばかりに気を遣うことになりかねません。効果音や音声があくまでも補助的な効果を与える目的に利用しているのであればよいのですが、効果音や音声がユーザーの操作に重要な影響を与えるようなソフトウェアの場合には、利用できる環境が制限されてしまうことがあり得ます。それでも、効果音や音声はユーザーへの指示やフィードバックとして大きな効果が期待できるため、家庭内で利用するソフトウェアであれば、さま

ざまな活用方法が考えられます。

どのぐらい使うのか？

　ソフトウェアを利用する時間もまた大切な要素となります。一日の中で毎日数分だけ使うものなのか、それともデータ入力などを目的として毎日何時間も利用するものなのかということも、インタフェースをデザインする前にあらかじめ検討しておかなければならない事柄です。また、アンケートやテストのシステムのように、たった1回だけ、それも数時間しか利用しないようなソフトウェアもあります。

　長時間利用するソフトウェアでは、目の疲れないような画面デザインへの配慮が必要です。操作系においては、利用方法の教育を行うことも念頭に置いた上で、"慣れたときに使いやすくなる"デザインを優先すべきです。

　1回または数回しか利用しないようなソフトウェアの場合には、事前の利用方法を教育しなくても、間違いなく利用できるような操作系を採用した方がよいでしょう。それがいかに冗長な操作方法だとしても、どのようなレベルのユーザーであっても一度ぐらいは我慢できるものです。

Chapter 4
よりよいシステムにするために

　この章では本書の総括として、ユーザーにとってわかりやすく使いやすいシステムを作り上げるための具体的な手法を説明していきます。

　まず、ヒューマンエラーを防止するための具体例を紹介します。次に、ユーザーの認知不安を解消するための方法と、情報をわかりやすく掲示するための方法について説明します。最後に、ユーザーにとって心地よいデザインにするための色の使い方やレイアウトの方法について、具体的な技法を紹介します。

4-1 ヒューマンエラーの防止

「1-2 ヒューマンエラーの増加とその影響」では、ヒューマンエラーの概要とソフトウェアにおける事例を説明しました。この節では、ヒューマンエラーを防止するために取るべき対策について考えてみましょう。

4-1-1 ヒューマンエラーの防止方法

"人間は誰でも誤りを犯す"ことを前提とした場合、ソフトウェアにおいてもヒューマンエラーは避けては通れないものと言えます。どんなにソフトウェア技術やユーザーのスキルが進歩したところで、ヒューマンエラーは完全になくなることはあり得ません。例えば、商品の単価として誤った数字を指定した場合のエラーを完全に処理できるのであれば、そもそも人間が入力する必要がないはずです。そのため、ヒューマンエラーの対策としては、"できる限りユーザーがミスをしにくいようにする"または"起こってしまったミスによる影響をできる限り小さくする"ようなやり方になります。

なお、多くのヒューマンエラー対策は、「1-2 ヒューマンエラーの増加とその影響」でも説明したように、「安全性と利便性のトレードオフ」を念頭に置いて適切な方法を判断する必要があります。

日常生活で利用する機械でのヒューマンエラー対策の例

ここでは、まず私たちが日常生活の中で普段利用しているいろいろな機械におけるヒューマンエラー対策を見てみましょう。

・エレベータの緊急時連絡ボタン

エレベータに備え付けられている緊急時連絡用のボタン(**図1**)は、誤っ

て押しても大丈夫なようにするため、しばらくの間押し続けなければ反応しないようになっています。

・給湯器（ウォーターサーバー）のレバー

給湯器（ウォーターサーバー）は、子どもなどが不用意に触ってもお湯が出ないようにするための特殊な仕掛けを持っています（チャイルドロック機能）。**図2**の給湯器では、左側のお湯の方については、レバーをつまんでさらに押し下げたときにだけ利用できるようになっています。

・自動車のサイドブレーキ

自動車のサイドブレーキは、誤って押してしまっても解除できないようにするため、レバーの先端にあるボタンを押しながらでないと押し下げられないようになっています（**図3**）。

・ストーブの安全装置

ストーブや加湿器、電気スタンドには、転倒時の火災発生などを防止するために、大きく揺れた場合や転倒した場合に、自動的に消火したり電源を切ったりする機構が装備されています（**図4**）。

図1●エレベータの緊急時連絡ボタン

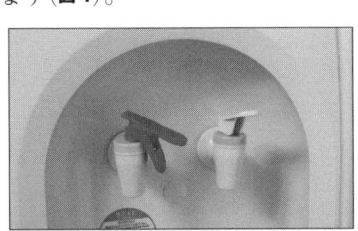

図2●給湯器（ウォーターサーバー）のレバー

図3●自動車のサイドブレーキ

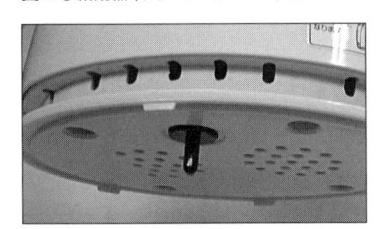

図4●加湿器の安全装置

フールプルーフ

フールプルーフ(fool proof)とは直訳すると"馬鹿にも耐えること"(失礼な言葉ですね)という意味で、"誰にでも安全に操作できる"ことを言います。これは、そもそも誤った操作自体ができないように制御することを表しています。

自動車はギアがニュートラルやパーキングに入っていないと、エンジンがかからないようにするような構造になっています。この対策は、エンジンをかけた瞬間に自動車が発進してしまうことを防止するためのもので、代表的なフールプルーフのひとつと言えます。また、前述の例で言えば、「エレベータの緊急時連絡ボタン」、「給湯器(ウォーターサーバー)のレバー」、「自動車のサイドブレーキ」はすべてフールプルーフの機構です。

フェイルセーフ

フェイルセーフ(fail safe)とは"失敗しても大丈夫なようにする"ことで、ヒューマンエラーによる操作ミス、機械やソフトウェアの故障などによって、何らかの障害が発生してしまっても安全に動作するようにしたり、影響を少なくなるようにしたりする対策のことを言います。

電子レンジで食べ物を温めているときに、ドアを開けても自動的に停止する機能は、フェイルセーフを目的とした機能によるものです。前述の「ストーブの安全装置」もフェイルセーフの機構のひとつです。

COLUMN　キャッシュカードとお金、どっちが先に出るのか？

　機械やソフトウェアを使いやすく安全にするためには、人間の認知について考えることがとても大切です。例えば、銀行のATMでお金をお引き出す場合に、最終的にお金とキャッシュカードがどのような順番に出てくるのかということをご存じでしょうか。

　実は、国内のほとんどのATMでは、①キャッシュカード、②お金の順番に出てくるようになっています。現金を引き出すためにATMを使用する場合は、お金を手にすることが目的です。このため、"お金を受け取った時点で目的を達成する"ことから、お金を先に出してしまうとキャッシュカードの取り忘れが増えてしまうのです。キャッシュカードから先に出てくるのも、ヒューマンエラー対策のひとつと言えます。

　なお、ヒューマンエラー対策が遅れている国のATMでは、先にお金が出てくるようになっている機械もあるそうです。日本のATMでの受け取り順に慣れていると、キャッシュカードを取り忘れることが多くなるかもしれませんね。

　ちなみに、駅の券売機で切符を購入した場合も同様で、基本的に①おつり、②切符の順で出てくることが多いようです。

お金が先に出てきたら……

4-1-2 ソフトウェアにおけるヒューマンエラー対策

ここまでに紹介したいろいろな機器と同様に、ソフトウェアにおいてもインタフェースデザインや処理の仕様によって、ヒューマンエラーを軽減することができます。

以下に、いくつかの具体的な方法を紹介します。

① できる限りアイコンや色を使ってわかりやすく表現する

ユーザーは慣れてくるにしたがって、文字を読まずに操作するようになります。そのため、直感的に認識できるようなデザインのアイコンを利用することは、ヒューマンエラーの良い対策方法となります。

また、アイコンは色の表現をうまく利用することでさらに効果を上げることができます。

② 一画面に表示する内容を少なくする

ユーザーに与える情報量を減らし、一画面に表示する内容を少なくすることも大切です。一画面内の情報量を減らしてしまうと、どうしても手順(画面数)が増えることになりますが、初心者ユーザーによる操作ミスを減らす効果があります。

③ 確認処理や承認プロセスの追加を検討する

あらかじめユーザーによる操作ミスの影響を分析し、ミスが重大なトラブルにつながる可能性がある場合には、確認メッセージを追加したり、承認処理を追加したりするなどの方法を検討します。

④ 操作方法に一貫性を持たせる

画面ごとに操作方法が異なるというのもミスが多くなる原因になります。同じような機能であれば、できる限り統一化された(または類推できる)操作方法を採用すべきです。

同様の考え方で、同じような機能を持つコントロール(ボタンなど)は画面内の同じ位置に配置した方がよいでしょう(例：[登録]ボタンと[戻る]ボタンは、すべての画面で同じ並び順に配置する)。

アンドゥ機能やバックアップ機能

表計算ソフトやワープロソフトといった多くのアプリケーションソフトは、機能が多く、操作が複雑で自由度も高いため、ユーザーによる操作ミスも日常的に発生します。そのため、多くのアプリケーションソフトには、アンドゥ機能が装備されており、誤った操作を行った場合であってもひとつ前の状態に戻すことができるようになっています(取り消し機能や元に戻す機能とも呼ばれています)。これは、最も簡単かつ確実なフェイルセーフ機能と言えます。

業務システムにおいては、それほど一般的ではないかもしれませんが、データベース上にユーザーが修正した履歴データを残しておいて、操作ミスを行った場合には元のデータに戻すことができる機能を装備することも考えられます。そのような機能を装備していない場合でも、重要なデータを取り扱うシステムの場合には定期的(毎日深夜や1時間おき)に自動バックアップを行い、重大なヒューマンエラーが発生した場合には、過去の状態にすべてのデータまたは一部のデータを戻すように運用するのが一般的です。これも運用までを含めたフェイルセーフ機能のひとつです。

プログラムにおけるフールプルーフとフェイルセーフ

プログラムでのちょっとした処理においても、フールプルーフとフェイルセーフを念頭に置いた記述は大切です。例えば、入力された数字をあるロジックで計算するプログラムがあったとしましょう。このプログラムでは、2つの数字をテキストボックスに入力し、[計算]ボタンをク

リックすることで計算を行います（**図5**）。

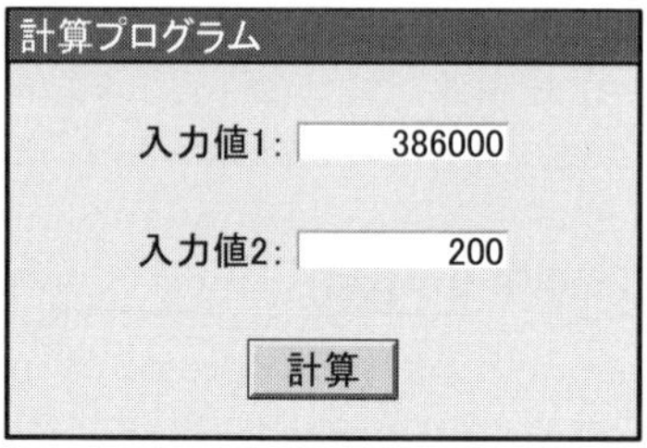

図5●入力された2つの値によって、計算を行うプログラム

このようなプログラムは、業務用のシステムでは至る所でお目にかかるものではないでしょうか（もちろん実際の業務処理はずっと複雑ですが…）。このような入力処理および計算処理を実行するプログラムでは、不正な値（例えば、計算結果が変数に格納できる最大値を超えないこと）についての処理がとても大切なものになります。

このプログラムでは、以下のようなチェック処理を行うことになります。

【入力時のチェック処理】
・2つのテキストボックスに何かしらの文字が入力されていること
・入力された文字が数字であること
・入力された文字が適正なものであること
【計算時のチェック処理】
・計算結果が適正な範囲に含まれていること

上手に作られたプログラムでは、入力された2つの値を判定し、上記のようなチェックを通らなかった場合には計算処理を実行できないようにするはずです。

図6では、入力値1のテキストボックスに不正な値が入力されたときに、テキストボックスの下にエラーメッセージを表示し、［計算］ボタンを使用不可の状態にしています。このことは、プログラムに実装される

フールプルーフ機能のひとつと言えます。また、計算結果を判定して、プログラムが不正な処理を行わないようにエラー処理などを正しく組み込むことはフェイルセーフのひとつとなります（当たり前のエラー処理ですが）。このような簡単なプログラムだけを考えても、やはりヒューマンエラーを想定した処理がとても大切であることがわかります。

図6●不正な値が入力された場合には計算処理を実行できないようにする

確実な指定方法

最後に、ソフトウェアにおける具体的なヒューマンエラー対策の例として、削除処理を紹介します。何らかのデータを登録するソフトウェアであれば、データを削除する機能も装備することが一般的だと思います。そのような場合に、最も一般的な方法は図7のようにデータを表示

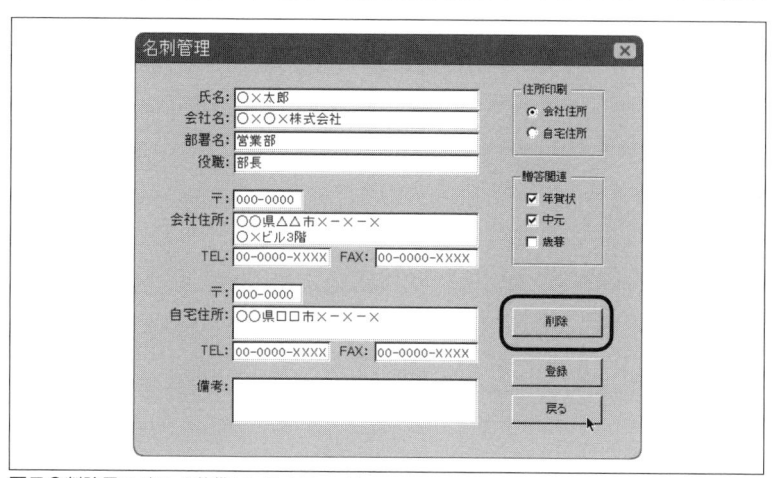

図7●削除用のボタンを装備したインタフェース

している画面上に削除用のボタンを配置することだと思います。

　しかし、この画面のように[削除]ボタンを装備したインタフェースは、その他に用意されている[登録]ボタンや[戻る]ボタンをクリックする際に、間違えて操作してしまうことが起こり得ます。そのため、一般的には図8のような確認メッセージを用意することが多いのではないでしょうか。

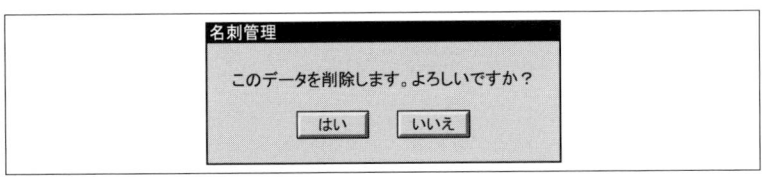

図8●削除を実行するときに表示する確認メッセージ

　この確認機能は、ソフトウェアにおける代表的なフールプルーフ機能のひとつです。しかし、確認メッセージでは[はい]と[いいえ]の選択を誤ってしまうことも少なくありません。この画面におけるインタフェース上の問題点は、簡単に言ってしまうと"誤ってボタンを操作できてしまう"ことにあります。

　こういったヒューマンエラーを防止するための方法としては、図9のようなインタフェースにすることが考えられます。この図のインタフェースでは、[このデータを削除する]チェックボックスをオンにしたときに、初めて[削除]ボタンが有効(利用可能)になります。そして、[削除]ボタンをクリックした場合に、削除処理が実行されるようになっています。もちろん、実行時には確認メッセージによって再確認を行うようにします。つまり、[このデータを削除する]チェックボックスが前述の給湯器におけるチャイルドロックの役割を果たしているということになります。

　それでは、このインタフェースは、[削除]ボタンだけを利用した161ページ図7の削除機能と比べるとどのような点で優れているのでしょうか。これは、ユーザーが誤って操作してしまった直後の動作にポイントがあります。ボタンだけの場合には、ユーザーは処理を実行してから問

題点(自分が実行しようとしたものと異なる機能を実行してしまったこと)に気付きます。しかし、チェックボックスという安全装置が組み込まれている場合には、操作ミスでチェックボックスをオンにしても[削除]ボタンが使えるようになるだけであるため、ユーザーは"余裕を持って"チェックボックスをオフに戻すことができます。この"余裕を持って"やり直すことができるというのが、ユーザーに操作上のゆとりを与えることになり、そのゆとりこそがヒューマンエラーを防止することにつながるのです。

図9●チェックボックスをオンにするまで[削除]ボタンは使用できない

4-2 認知不安の解消

ユーザーはソフトウェアを利用する際に、ほんの些細なことでストレスを感じます。その原因は、機能の使い方がわかりにくかったり、すぐに理解できないほど機能が多かったり、処理を行った結果が把握しにくかったりとさまざまです。中でも初心者のユーザーに多く見受けられるのが、"認知不安"と呼ばれる「何が何やらわけがわからない状態」によって引き起こされるストレスです。ソフトウェアにおいては、この認知不安によるストレスを軽減することが、インタフェースデザインの大切な要素になります。

この節では、ソフトウェアにおけるユーザーストレスと認知不安について説明し、認知不安を解消するための機能やインタフェースデザインについて検討してみましょう。

4-2-1 ユーザーストレスとその要因

ソフトウェアを利用しているときのユーザーは、さまざまな場面でストレスを感じます。それらは、仕組みや機能といった根本的な問題に起因するのかもしれませんし、もしかしたら取るに足らない(と開発者が考えている)ほんの些細なことが原因であるのかもしれません。ユーザーがストレスを感じる代表的な要因としては、次のようなものが挙げられます。

【操作関連のストレス】
　原因1　操作方法が理解できない。
　原因2　予期していたように動作しない。
　原因3　同じ操作を何度も繰り返さなくてはならない。
　原因4　反応時間、動作時間が遅い。

【表示関連のストレス】

原因1　表示内容がわかりにくい。

原因2　操作すべき機能を探すのに時間がかかる。

原因3　表示方法に一体感がない。

原因4　色遣いが悪いため、目が疲れる。

【その他のストレス】

原因1　エラーが発生したときの対処方法がわからない。

原因2　処理を途中で中断できない。

原因3　複雑なメニュー階層でどこにいるのかがわからない。

原因4　残りの作業数が把握できない。

　これらの中には、ユーザーが意識しないところで少しずつストレスが溜まっていく「無意識のストレス」も含まれています。無意識のストレスの最も大きな要因となるのが、画面デザインによるものです。例えば、画面に表示している文字フォントのサイズや書体、統一性といったものもユーザーにストレスを感じさせてしまう原因になります。それ以外にも、背景、コントロール、文字などの色遣いもユーザーストレスに大きな影響を与えます。

　ここで注意しなければならないのは、「きれいなデザインの操作画面だからこそ、余計にストレスが溜まることもある」ということです。このことは、裏を返すと「デザインによっては、デザイナがきれいに作ったものでなくてもストレスが溜まらないことがある」ということにもつながります。特に、多彩な色を利用した"きれいすぎるデザイン"のソフトウェアは、長時間利用した場合に目の疲れによるストレスが大きくなる傾向があるということに注意しなければなりません。これらの要素については、本書でも「2-1　文字とアイコン」、「2-2　ものの形」、「2-3　認知の向きと方向」、「2-4　色」で紹介しています。

また、前述の「操作関連のストレス」の原因4として、「反応時間、動作時間が遅い」を挙げましたが、「3-4　時間の要素」で説明したように、"処理が速すぎる"場合にもユーザーはストレスを感じることがあるという点に注意してください。反応時間がユーザーの認識よりも過度に速すぎると、ユーザーによっては急かされていると感じるため、これがストレスにつながるというわけです。また、ソフトウェア全体として操作の反応速度の統一が取れていないということも、ユーザーストレスの要因になり得ます。

　残りの要因の多くは、認知不安が大きく影響しています。次の項からは、認知不安によるユーザーストレスおよびその解消方法について説明していきます。

4-2-2　居場所を明確にする

　複雑なメニュー構造を持つソフトウェアや段階的に処理を行うソフトウェアは、ユーザーに対して「どこにいるのかわからない」といった"位置の不安"（今何をしているのかがわからない不安）を抱かせます。そのようなソフトウェアでは、自分のいるポジションをはっきりさせることが認知不安の解消につながります。

　例えば、サブメニューごとに背景色が変化するようにしたり、辿ってきたメニューやページを何らかの形でユーザーにわかるように表示しておいたりすることも効果的です。ここでは、いくつかの対処例を紹介します。

階層化されたメニュー表示

　複雑なメニュー構造を持つソフトウェアの場合には、メニュー自体を階層化して表示するというのも対処方法のひとつです。このような方法は、主にWebブラウザで利用するWebアプリケーションで採用されています。

図1は、マネックス証券株式会社のオンライントレーディングシステムの画面です。このシステムでは、左側の領域にユーザー操作用の階層化されたメニューが用意されています。このメニューはクリックすることで展開してサブメニューが表示され、そのページ（機能）を操作している間はそのまま表示され続けます。

図1●階層化されたメニューの例（マネックス証券株式会社のオンライントレーディングシステム）

パンくずリスト

ホームページの多くは非常に複雑な階層構造を持ちます。一般的に厳密な設計の元に開発されるWebアプリケーションとは異なり、ホームページでは情報の追加や更新が当然のように発生するため、時間が経つにつれてコンテンツ全体の構造がとてもわかりにくいものになってしまいがちです。また、その階層数は、同じホームページ内であってもコンテンツグループによって異なることがほとんどです。

そのような複雑な階層構造を持つホームページでは、訪問者に対する補助機能として、現在表示しているコンテンツの階層位置を明確にし、必要に応じて任意の上位階層に遷移することができるようにするため、「パンくずリスト」というものを装備することがあります。パンくずリストとは、グリム童話の「ヘンゼルとグレーテル」で森の中で迷わないように歩きながらパンくずを落としていったというエピソードが命名の由来になっています（童話の中では、パンくずは鳥たちに食べられてしまったため、家に帰ることができなくなり、魔女の住むお菓子の家にたどり着いてしまうのですが…）。このパンくずリストは、「トピックパス」（Topic Path）とも呼ばれています。

図2は、日本郵便のホームページです。このホームページでは、画面の上部にトップページからの遷移が表示されており、リンクをクリックすることで、いつでも上位階層に遷移することができるようになっています。

図2●パンくずリストの例（日本郵便のホームページ）

このように居場所を明確にすることは、ユーザーの認知不安を解消するための手助けになります。

ステップ表示

インターネットのユーザー登録などで登録項目が多かったり、アンケートシステムなどのように項目数が多い場合には、何ページにも渡ってデータを段階的に登録することがあります。そのような場合には、ユーザーは"後どのぐらいの登録が必要なんだろう？"や"今どこまで進んでいるんだろう？"といった認知不安を持ちます。

このような認知不安を解消するためには、全体の処理における現在の位置を表示する「ステップ表示」が有効です。実際の例としては、図3のように「STEP 2／5」と数字で表示したり、図4のようにバーで位置を表したりする方法があります。

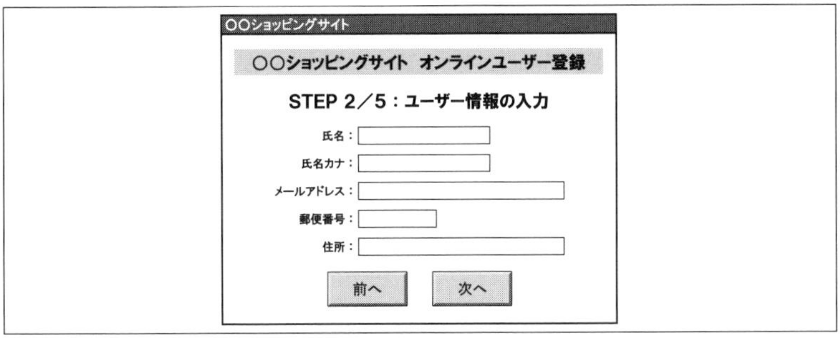

図3●ステップ表示の例1

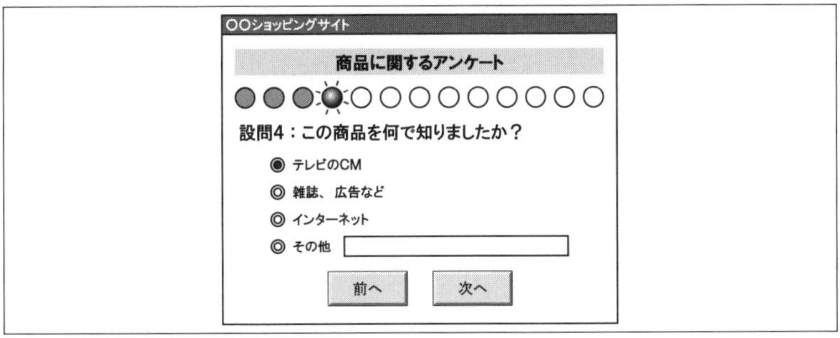

図4●ステップ表示の例2

4-2-3 識別しやすい選択肢の数

　ソフトウェアのインタフェースでは、ユーザーが指示を行うためのさまざまな選択方法を提供します。例えば、メインメニューにおける機能の選択や、ラジオボタン、リストボックス、ドロップダウンリストによる項目の選択などがあります。このとき、選択する対象物の数が多すぎるということも、ユーザーが認知不安を抱える一因となります。

　ここで重要になるのが、"項目を選択しやすい"インタフェースの構築です。"項目を選択しやすい"とはすなわち速やかに対象物を探し出せるということですが、このような場合に人間が目標とする物体を探すときの働きを「視覚探索」(Visual Search)と呼んでいます。もちろん、この視覚探索のロジックは単純なものではなく、ターゲットとする目標や選択肢の数、探索を邪魔する物体などによっても大きく影響されます。

　それでは、同じ条件下の場合に、どの程度の数の選択肢であれば、効率よく対象物を探し出せるのでしょうか。アメリカ国家科学賞を受賞した心理学者のジョージ・ミラー (George Miller) は、『The Psychological Review』(1956年)という論文の中で「The Magical Number Seven, Plus or Minus Two: Some Limits on Our Capacity for Processing Information (マジックナンバー7±2：人間の情報処理能力の限界)」を発表しました。

　この論文は、人間が瞬間的に処理することができる項目の数が7±2(つまり5〜9)個であるということを示したもので、この7の数字を「マジックナンバー」や「マジックナンバーセブン」と呼んでいます。このマジックナンバーはユーザビリティの向上が必要となるさまざまな場面で用いられており、ソフトウェアのインタフェースデザインにおいても、理解しておくべき大切な要素のひとつと言えます。なお、このような処理において利用される一時的な記憶のことを「短期記憶」と呼び、通常20秒程度しか保持されないと言われています。

　例えば、ドロップダウンリストに一度に表示する項目数を比較してみましょう。**図5**は7個の項目を表示したドロップダウンリストで、**図6**は20

個の項目を表示したドロップダウンリストです。この2つの図を比較すると、適切な選択肢の数というものが、どれだけユーザーの使い勝手に影響するかということが理解できると思います。

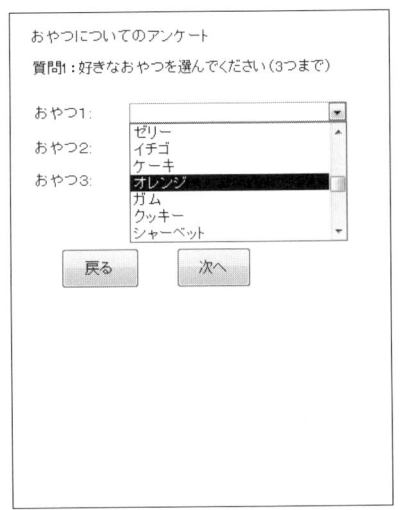

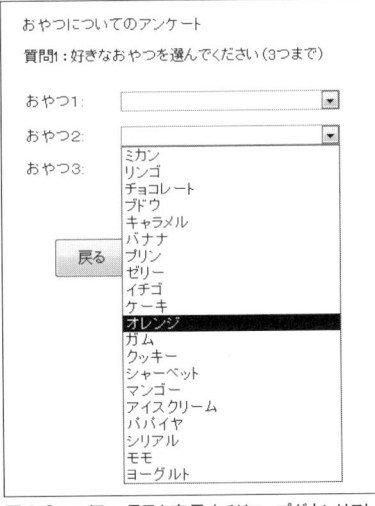

図5 ● 7個の項目を表示するドロップダウンリスト　　**図6** ● 20個の項目を表示するドロップダウンリスト

4-2-4　情報のグループ化

　前の項では、人間が短期記憶の中で処理することのできる項目の数（マジックナンバー 7 ± 2）が、情報を識別する際の大切な要素になるということを説明しました。

　次に、このマジックナンバーを利用して、わかりやすく情報をグループ化する具体的な例を紹介しましょう。以下に示す2つの画面では、いずれも14個の"おやつ"から3つを選択するようになっています。次ページ**図7**は14個の選択肢をそのまま縦に並べて掲示したもので、**図8**は7個ずつグループ化したものです。

　この例のように同じ処理を行う場合であっても、**図8**のように、ある程度の個数ごとにグループ化して情報を掲示することで、格段に使いやすさ（探しやすさ）が向上します。

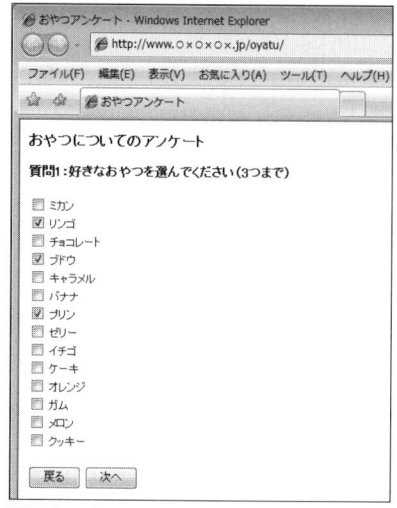

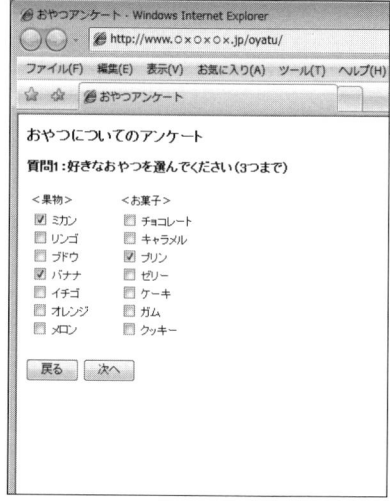

図7● 14個のおやつを選択するアンケート画面　　**図8●** 選択肢がグループ化されたアンケート画面

　もちろん、実際にソフトウェアで選択肢を提供する場合に、必ずしも7個ずつに分類することが要求されるわけではありません。当たり前のことですが、選択肢の数が10個の場合にはそのままの方が選択しやすいかもしれません。また、14個の選択肢をグループ分けしても、11個と3個にしか分類できない場合もあるかもしれません。この7という数字は、あくまでもユーザーが把握しやすい情報の個数の目安として考えてください。

　このような情報のグループ化については、他にもさまざまな実験結果が報告されています。例えば、『対話型システムの認知工学設計』（小松原明哲著、技報堂出版、1992年）には、単層階層メニュー選択システムにおけるユーザーの操作速度予測の実験内容とその結果が記されています。この実験では、メニュー画面において、128個の項目を1×128個、2×64個、4×32個、8×16個、16×8個、32×4個の6通りでグループ化し、ユーザーが対象とする項目を選択できるまでの時間を計測しています。以下の画面は、実験で利用したうちの2つのメニュー画面です。

　この実験では、結果的に**図10**のような8×16個のメニュー画面が最も速く操作（選択）できたそうです。続いて、16×8個、4×32個、32×4個

という順番で早く操作でき、まったくグループ分けがされていない1×128個のメニュー画面(**図9**)が最も遅いという実験結果になりました。なお、『対話型システムの認知工学設計』での上記の実験はユーザーの習熟を念頭に置いた操作時間の検証を行ったものであり、情報のグループ化による操作時間の短縮を検証したものではありません。この書籍では、ユーザーによる機器操作の時間検証を具体的に行っており、データ入力システムなどのデザインにおける有用な情報が掲載されています。

名詞群					
ネギ	カツ丼	地中海	ハード	磁極	社会党
白鳥座	始皇帝	偏微分	スーツ	榛名山	郵政省
火星	掃除	すみれ	卑弥呼	平均値	火薬学
ツバメ	タンス	分光器	騎士	回帰	価格
定積分	白虎隊	発音体	GNP	イヌ	材料
電界	会計	超音波	衆議院	面積	鎖国
大根	消費	最大値	縄文	全微数	計算機
電圧	関税	太陽	ナチス	スズメ	史記
蟹座	椅子	磁界	財務	サル	設計
偏光	洗濯	ユリ	外務省	分散	シャツ
太平洋	カレー	富士山	測量	土器	蠍座
構造学	極限値	資本	人参	江戸	音色
投資	磁石	ソフト	大西洋	楊貴妃	菊
供給	水星	大憲章	赤城山	参議院	光源
総理府	重積分	ズボン	中央値	熱機関	ハト
ベッド	偏差	育児	電池	卵焼き	トラ
弥生	ネコ	溶接	相関	簿記	白菜
貯蓄	体積	電流	土質学	音源	忠臣蔵
モード	パンツ	導関数	需要	金星	三国志
乙女座	データ	タカ	みそ汁	自然光	文部省
日本海	十字軍	磁荷	自民党	浅間山	机
桜	裁縫				

図9●1×128個のメニュー画面

数学			
モード	平均値	極限値	相関
面積	偏差	中央値	重積分
全微分	定積分	最大値	偏微分
分散	体積	回帰	導関数

歴史			
縄文	騎士	江戸	三国志
土器	史記	ナチス	始皇帝
忠臣蔵	楊貴妃	卑弥呼	鎖国
十字軍	弥生	大憲章	白虎隊

物理			
分光器	発音体	電界	音色
偏差	電池	超音波	磁石
音源	電流	磁荷	自然光
磁界	光源	磁極	電圧

社会科学			
価格	総理府	自民党	GNP
参議院	外務省	供給	郵政省
需要	貯蓄	消費	社会党
衆議院	投資	文部省	関税

地学			
金星	蠍座	赤城山	地中海
富士山	水星	蟹座	火星
太陽	白鳥座	日本海	榛名山
太平洋	大西洋	乙女座	浅間山

生活科学			
机	掃除	カレー	タンス
シャツ	卵焼き	みそ汁	ズボン
パンツ	ベッド	育児	スーツ
洗濯	椅子	カツ丼	裁縫

生物			
桜	タカ	ネコ	ネギ
トラ	菊	大根	ツバメ
ユリ	イヌ	白菜	サル
ハト	すみれ	スズメ	人参

産業			
財務	データ	構造学	溶接
測量	ソフト	土質学	設計
計算機	簿記	材料	資本
会計	火薬学	ハード	熱機関

図10●8×16個のメニュー画面

また、マイクロソフトリサーチによる研究では、『Web Page Design: Implications of Memory, Structure and Scent for Information Retrieval』という論文が発表されています。この論文では、512もの大量のWebページを構造化して提供したときに、どのような構造化の方法が最も探している情報を見つけやすくなるかという実験を行っています。

実験方法は、8×8×8(トップページに8個の選択肢、2階層目と3階層目にそれぞれ8個の選択肢)、32×16(トップページに32個の選択肢、2階層目に16個の選択肢)、16×32(トップページに16個の選択肢、2階層目に32個の選択肢)の3種類の構造を持つWebサイトを用意して、被験者に探している情報を検索した結果の使いやすさを投票させるというものです。

この実験結果は、次ページ**表1**のようになっています。

評価	8×8×8	32×16	16×32
Best (最も使い勝手が良いと感じた)	6名	11名	2名
Second Best (2番目に勝手が良いと感じた)	2名	3名	14名
Worst (最も使い勝手が悪いと感じた)	11名	5名	3名

表1●グループ分けした選択肢に対する被験者の評価

　この表を見ると、被験者の多くが32×16の構造を持つWebサイトが最も使いやすく感じたという結果になっています。そして、8×8×8の構造を持つWebサイトは、最も使い勝手が悪いと感じたユーザーが多いという結果になっています。ここまでに説明したように、本来であれば8個の選択肢は16個や32個の選択肢に比べると、情報が探しやすくなり使いやすくなる可能性が高いはずですが、この実験においては選択肢が増えたことによる情報の探しにくさよりも、階層が少ないことによる探しやすさの方がインタフェースの使い勝手に大きく影響したと言えるでしょう。この論文内でも8×8×8という構造はマジックナンバーを想定したものであるということが触れられています。やはり、この実験結果からもマジックナンバーを利用した分類がすべてにおいて優先されるということではなく、階層数や分類の見せ方等によって、ユーザーの使い勝手が変化することがわかります。

4-2-5　ユーザーへのフィードバック

　ソフトウェアを操作している中で、現在の処理の内容や処理結果がわからないという場合に受ける認知不安は最も大きいものです。特に、このような認知不安は初心者ユーザーが操作を行っている場合や、普段あまり利用しないソフトウェアを操作する場合(この場合も、ある意味では初心者ユーザーと言えるかもしれません)に多く見受けられます。

　この場合における認知不安を解消するためには、"ユーザーへのフィー

ドバック"が重要です。ユーザーへのフィードバックとは、処理の内容や結果をユーザーに伝達することを言います。

現在のソフトウェアにおいては、一般的に以下のような方法でユーザーへのフィードバックが行われています。

・処理の開始時に砂時計ポインタを表示する（図11）。ユーザーはマウスポインタが元に戻ることにより、処理が完了したことを認識できる。
・処理中のメッセージ画面を表示する（図12）。画面が消えたときに、ユーザーは処理が完了したことを認識できる。
・メッセージボックスで「処理が完了した」というメッセージを表示する（図13）。
・効果音で処理の完了を伝える。

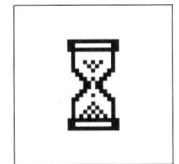

図11●砂時計ポインタ

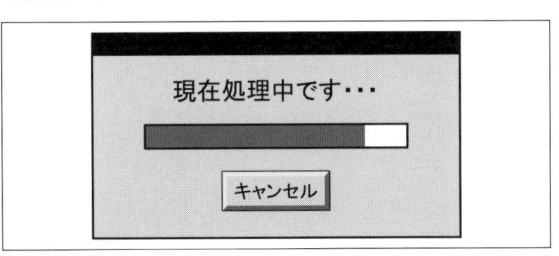

図12●処理中のメッセージ

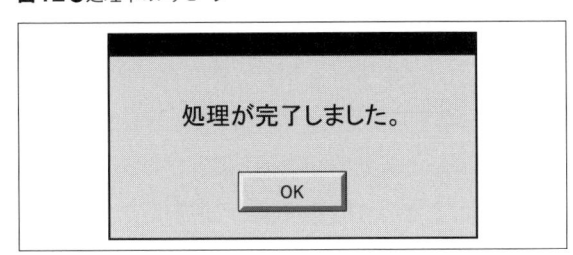

図13●メッセージボックス

これらのフィードバック方法のいずれか、またはいくつかを組み合わせることで、ユーザーに対して、処理の進捗や完了を伝えることができるようになります。

しかし、ここでは2つの点で注意しなければなりません。1つは過度な

フィードバックはかえってユーザーを不快にすることがあるということです。処理が開始されたところで処理中のメッセージを表示して、完了した場合には画面上にメッセージを表示するというのが最も確実なフィードバック方法と言えますが、表計算ソフトやワープロソフトのクリップボードの操作のように、数分間に何度も利用するような機能の場合には明らかに過剰なフィードバックになります。また、効果音は銀行のATMなどのような専用の空間で利用するソフトウェアでは役に立ちますが、オフィスで利用するソフトウェアの場合には他人の仕事の邪魔になったり、コンピュータ自体がサウンドを利用できないようにしてあったりするため、あまり適しているとは言えません。

　もう1つは速すぎる処理への対策です。一昔前であれば必ず処理中として画面に表示されていたものが、コンピュータの処理速度向上に伴い、あっという間に終了してしまうケースが増えてきています。例えば、印刷処理であれば、以前は「印刷中です」のメッセージが印刷が完了するまで表示され続けていましたが、現在ではネットワークにデータを送信するだけの処理になってしまい、メッセージはあっという間に画面から消えてしまいます。そのため、印刷ボタンをクリックしたときに、フィードバックの情報が確認できなかったことで、誤って何度も印刷を実行してしまったという経験を持つ方も多いのではないでしょうか。

　印刷における速すぎるフィードバックを解決するためには、前述のように「印刷が完了しました」というメッセージボックスを表示する方法が確実と言えます。しかし、印刷のたびにメッセージボックスで[OK]ボタンをクリックするというのも余計な手間が増えるため、理想的な方法としては"わざとゆっくりと"「印刷中です」という処理中画面を表示することが考えられます(そのように意図的に遅く処理をするというのは、プログラマには不評なようでほとんど見かけることはありませんが…)。これから、コンピュータの処理速度がますます速くなるにしたがって、人間のペースに合わせたフィードバックというものも重要になっていくはずです。

COLUMN　速すぎる処理と信頼性の低下

　ここで紹介した印刷の例のように、現在のコンピュータでは瞬時に終了してしまう処理は少なくありません。別の側面から見た場合、このことは処理の信頼性低下につながっているとも言えます。

　例えば、レストランで食事をすることを想像してください。注文後、あっという間に厨房から食事が運ばれてきた場合、それは作り置きを電子レンジで温め直したものか、場合によっては他人の誤注文を出し直したものか、と勘ぐってしまわないでしょうか。しかし、たとえそれが電子レンジを使った料理であっても、"わざと適正な時間"をかけて提供すれば、腕のよいコックさんがきちんと作ってくれたものと勘違いしてもらえるかもしれません。何らかの作業を行う場合に、顧客の前では意図的に時間をかけて作業を行うことが作業の信頼性を高めることにつながるということは、どのような業種であってもプロの仕事人には珍しいことではないはずです。

　このような日常的(?)な話と同様に、ソフトウェアにおいてもわざと遅く処理をするというのは重要なことになってきています。例えば、画面上に登録している大量のデータを保存する処理があったとします。その場合に、たとえSEやプログラマがユーザーの入力中にデータをリアルタイム保存するような"高度な仕掛け"を装備していても、残念ながらその隠れた機能はユーザーには不評になってしまう可能性さえもあります。ユーザーは、データを保存するという操作においては、速度よりも"自分の登録したデータが確実に"保存されているということを第一に要求するためです(もちろん、毎回何十秒も待たされるのは論外ですが)。特に、印刷やデータ保存のように、"ユーザーが一息付ける"ようなタイミングの処理については、毎回1～2秒ほどフィードバック用の進捗画面を表示する(つまり少しだけユーザーを待たせる)ことが、かえってユーザーストレスの解消に役立つのです。

4-2-6 エラーメッセージ

　ユーザーの行った操作が正しくなかったり、ハードウェア上の不具合が発生したりした際などに、ソフトウェアがあらかじめ用意しておいたエラーメッセージを表示することがあります。このようなエラーメッセージも、その内容によってはユーザーにとって大きなストレスの要因になることがあります。

　例えば、作成したドキュメントを保存するときにハードディスクの容量が不足している場合には、多くのソフトウェアにおいて次のようなメッセージが表示されます。

メッセージ1：「ファイルを保存できません。」
メッセージ2：「ファイルを保存できません。ディスクの空き容量が不足しています。」

　メッセージ1では"結果"のみを表示し、メッセージ2では"結果"と"理由"を表示しています。メッセージ2の表示内容は、現在の多くのソフトウェアの中では比較的親切な部類のエラーメッセージと言えます。

　しかし、これらの2つのエラーメッセージはどちらもソフトウェア(つまりSEやプログラマ)が自分の言いたいことを一方的に伝えているだけであり、ユーザーに対して最も大切な情報が不足しています。たとえメッセージ2であったとしても、表示された"理由"から解決方法を想像できるレベルのユーザーだけしか、このエラーに対処することはできません。なぜならば、これらのエラーメッセージにはユーザーにとって最も大切な"対処方法"が抜けているのです。幅広いユーザーを対象とするソフトウェアでは、"結果"＋"理由"＋"対処方法"によるエラーメッセージが理想的です。この例の場合には、次のようなメッセージが望ましいものとなります。

メッセージ3：「ファイルを保存できません。ディスクの空き容量が不足しています。ディスクから不必要なファイルを削除してから、もう一度保存をやり直してください。」

もしかしたら、初心者ユーザーにとっては、このメッセージでも不完全なのかもしれません。それでも、このようなメッセージが表示されるだけで、ユーザーは処理を解決するための行動に踏み出すことができるのです。

4-2-7 ヘルプの充実

どんなにわかりやすい操作方法を装備したとしても、ある程度複雑な機能を持つソフトウェアの場合には、ヘルプ機能を装備してユーザーに対して画面上で使い方を説明する必要があるはずです。このとき、わかりやすいヘルプ機能であればユーザーストレスを解消する効果も期待できます。ヘルプの表示方法については、ソフトウェアごとにさまざまな方法が試行錯誤されているので、ここで現在のソフトウェアで使われている代表的なヘルプの機能を紹介します。

・ヘルプ機能

Windowsや標準的なアプリケーションには、ハイパーテキストを埋め込んだWebページライクなヘルプが採用されています。ユーザーは表示されるテキストを読み、さらに詳しい説明や関連情報を参照したいときには、文章中の項目をクリックすることで要求する情報のページに遷移できます。前に表示した画面に戻るときには、[戻る]ボタンをクリックします。このようにして、ユーザーは文章を読みながら、次々と必要な項目にアクセスしていくことができます。

なお、ほとんどのヘルプ機能では、表示中のダイアログボックスや選択している機能によって、最初に表示するヘルプの内容を変更すること

で、ユーザーの必要とする情報を表示するようになっています。

・**ステータスバー**

ユーザーにわかりやすく機能説明などの情報を提供するには、ステータスバーを利用することも良い手段です。ステータスバーとは、ウィンドウの最下部に装備されている1行分ほどのエリアのことです(Windows用のアプリケーションでは、一般的にグレーのバーとして配置されています)。ステータスバーには、選択しているメニューやアイコン、コントロールなどの簡単な説明を表示することができます。

また、コンピュータが何かの処理を行っているときにその処理内容や進行度を表示すれば、「本当にきちんと動いているのだろうか?」というユーザーの不安を取り除く目的にも利用することができます。

選択範囲をクリップボードにコピーします。

図14●ステータスバーに選択したメニューやボタンの内容を表示する

処理を実行中です・・・(80%)

図15●ステータスバーに現在の処理内容や進捗を表示する

COLUMN　サンプルボックス（プレビューボックス）

　ダイアログボックスで処理や動作を指定する場合に、ダイアログボックスを閉じて元の画面に戻らないと設定内容を確認できないというのでは、ユーザーは自分の要求する結果が得られるまで、何度も何度も同じダイアログボックスを表示し直さなければなりません。このような操作の繰り返しも、非常にストレスの溜まる行為となってしまいます。

　このような場合には、ダイアログボックスの中に設定内容を確認できるサンプルボックス(またはプレビューボックスとも言います)を用意しておくことで問題を解決することができるようになります。ダイアログボックスで設定結果を確認しながら作業を行うということは、ユーザーストレスの解消だけではなく、操作時間の短縮にも効果的です。このようなダイアログボックスは、書式の設定やデザインの設定で効果的に利用できます。

　右の図はExcel 2007の[セルの書式設定]ダイアログボックスです。このダイアログボックスでは、セルに設定した内容を右上のサンプルボックスで確認できます。

サンプルボックスを持つダイアログボックスでは、設定した結果を画面内で確認することができる

4-3 心地よいデザイン

ソフトウェアの画面では、色の使い方、デザインのバランスなどの細やかな点に気を配ることによって、ユーザーが"心地よく感じるデザイン"を作り出すことができます。心地よいという感じ方は人によっても異なりますが、多くのソフトウェアにとっては、何よりもまず使いやすく読みやすい画面であることが重要であり、必ずしもきれいなデザインが必要とされるわけではありません。また、**不特定多数のユーザーを対象とするソフトウェアの場合には、色覚異常を持つ人にも配慮した色の使い方についても理解しておく必要があります。**

この節では、心地よいデザインの画面を作るための具体的な方法や注意点を紹介します。

4-3-1 色の活用

ソフトウェアの画面を心地よいデザインにする上では、色の使い方が最も重要です。現在のコンピュータでは自由に色を利用することができるようになっていますが、それだけに画面デザインにおける配色には無限の組み合わせが存在し、実際にやってみると納得のいく配色にすることはとても難しいものです。

「2-4 色」で説明したように、それぞれの色にはさまざまな特徴、特性があります。それらの特徴や特性を利用して、画面上の背景や枠線、コントロール、文字、アイコンといった各要素に対して、どのような色を割り当てるかということが大切なこととなります。

インタフェースにおける基本的な色の使い方としては、以下のことを参考にしてください。

- **基調色（メインカラー）を決める**

    最初にソフトウェアのイメージやコーポレートカラーなどから基調色（メインカラー）を決めて、その色に合う色の組み合わせを探すやり方を基本的な方針とすると、配色の指針が作りやすい。

- **長時間利用するソフトウェアは落ち着いた色にする**

    日常的に長時間利用するソフトウェアにおいては、あまり多くの色を使用せずに統一感を持たせる。基本的には、落ち着いた色の組み合わせをベースとした方がよい。あまり原色を使用しないようにして、ベージュ系やグレー系、パステルカラー、青色を中心とした寒色系を利用するとよい。

- **短時間だけ利用するソフトウェアは暖色系で明るく**

    長時間使用しないソフトウェアでは、用途に応じて、暖色系の色を利用して活発なイメージや楽しいイメージにするのもよい。

- **重要な部分は赤などの興奮色にする**

    ユーザーに対して優先的な認知を促す箇所、例えばエラーや警告、注意のメッセージ、重要な箇所といったものは赤などの興奮色を利用する。

- **同じ機能や項目は同じ色にする**

    グループとして把握する情報のひとつとして、色を利用することもできる。例えば、同じ機能を同じ色でまとめたり、同じ表示項目については常に同じ色で表示したりすることで、ユーザーの認知を補助することができる。

デザインに利用するために、いくつかの色を選択することは簡単なことに思えますが、実際にやってみると意外に難しいものです。しかし、「2-4-1 色の属性」で説明した色相環を利用すれば、調和する色を誰にでも比較的

Chapter4 よりよいシステムにするために

COLUMN　デザインと消費者のイメージ

　商品パッケージなどでは、新しいバージョンの製品を売り出す際に、前のデザインを踏襲したデザインを利用することが少なくありません。継続的なデザインは既に周知された商品ブランドを受け継ぐための良い方法ですが、前のデザインのままでは消費者に対して新しい製品としての付加価値をアピールすることができません。そのようなときによく使われるのが、旧来の商品デザインをベースとして、色数を増やしたりデザイン要素を増やしたりするなどの方法です。

　このような方法であれば、新しいバージョンを発売するたびに、機能に見合ったイメージのデザイン要素を少しずつ追加していくことができます。しかし、デザインが複雑になり過ぎた場合には、逆に消費者に複雑で使い方が難しいというイメージを持たせることになってしまうため注意が必要です。

　消費者は商品の機能を把握する際に、その商品のパッケージなどのデザインイメージから、機能性や使いやすさを把握しようとすることがあるというわけです。

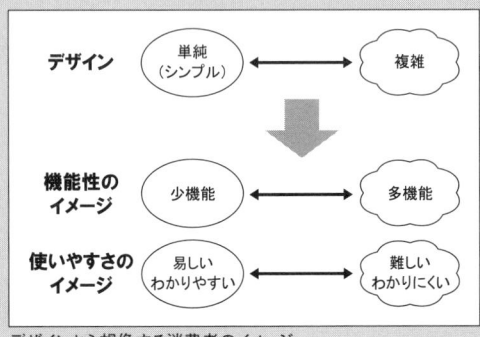

デザインから想像する消費者のイメージ

写真は「アタック」のパッケージ。上から1987年、1997年、2009年
(写真提供：花王株式会社)

簡単に選択することができるようになります。以下に、色相環を利用した調和する色の選択方法を紹介します。

同一色相による配色

同じ色相の中で、明度や彩度によって異なる色の組み合わせを利用したものです。まとまりのある配色を作るのには適した方法ですが、どうしても単純で変化に乏しいデザインになりがちです。

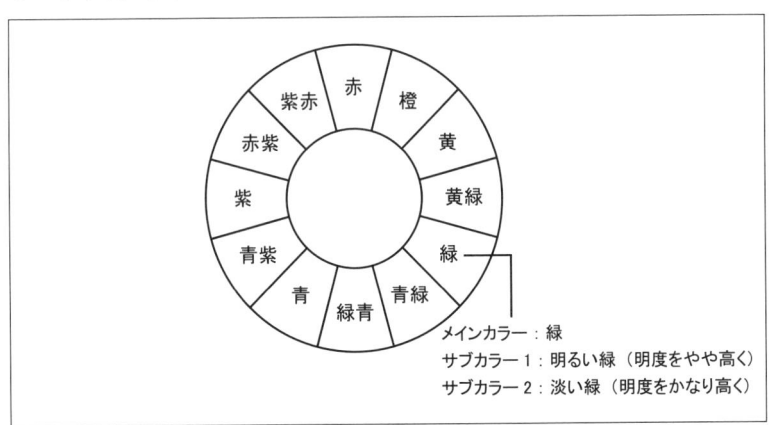

図1●同じ色相(ここでは緑)から明度と彩度の異なる色を取り出す配色方法(口絵9も参照)

隣接色、類似色による配色

隣接色、類似色とは、基準色に近い色相の色のことを言います。同一色相と同様に、この方法による配色は落ち着いたデザインを作るのに適していますが、同一色相よりも少しだけ面白みのある配色にすることができます。

一般的には、色相環で基準色から左右に15度程度の色を隣接色、30度〜45度の色を類似色と呼んでいます。24分割の色相環であれば、両隣を隣接色、2〜3個離れた色が類似色ということになります(24分割の色相環はこの後の**図4**または**口絵14**を参照してください)。

例えば、**図2**のように、基調色（メインカラー）である緑と隣り合った黄緑と青緑の計3色を利用することで、調和した配色を作り出すことができます。

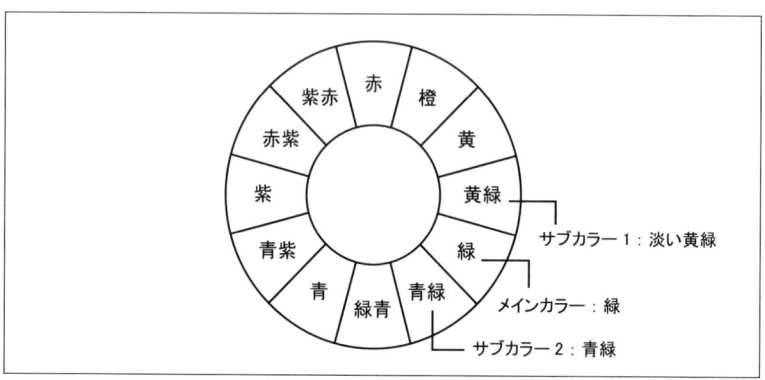

図2 ● 色相環から基調色に隣接した色を取り出す配色方法（口絵9も参照）

補色による配色

補色とは、色相環で向かい側にある色のことを言います。例えば、赤に対しては、反対の位置にある青や緑が補色になります。補色は互いに相手の色を引き立てる効果があり、補色関係にある2つの色が同時に存在すると、インパクトのあるデザインになります。

例えば、セブンイレブンのロゴマークは赤と緑の補色を利用しています。また、クリスマスツリーのデザインや、変わったところではポンキッキに登場するガチャピン（緑）とムック（赤）も補色関係になります。緑色の野菜のサラダに赤いミニトマトをちょっとだけアクセントに付けることで、お皿全体が彩りよく見えるというのもこの手法を利用しているのです。このように補色としては赤系と緑系が有名ですが、その他にも色相環からもわかるように、黄系と紫系、青系と橙（オレンジ）系も補色となります。

補色を使用する場合には、過度に使いすぎるとごちゃごちゃした印象になってしまうため、アクセントカラーとしての使い方に抑えた方がよ

いかもしれません。例えば、目立たせたい箇所にだけ使用したり、戻るや終了などのちょっとしたデザイン部分に利用したりするのには効果的です。

　なお、ここでは配色において利用しやすい同一色相、隣接色、類似色、補色について説明しましたが、色相環においては基準色に対する呼び名が定義[※1]されています（**図4**）。なお、**図4**は24分割の色相環になってお

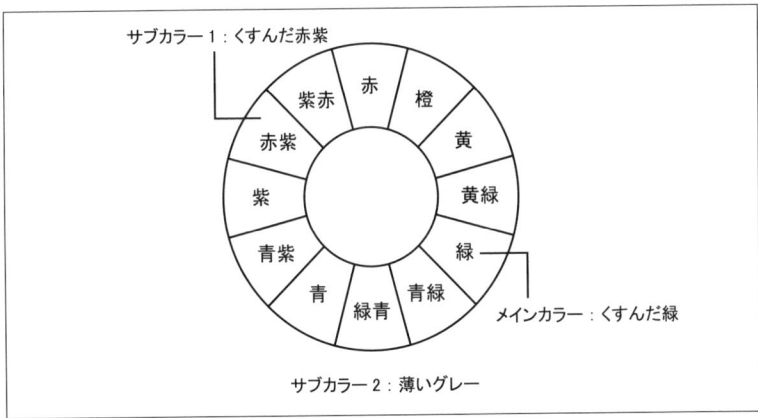

図3●色相環から補色を取り出す配色方法（口絵9も参照）

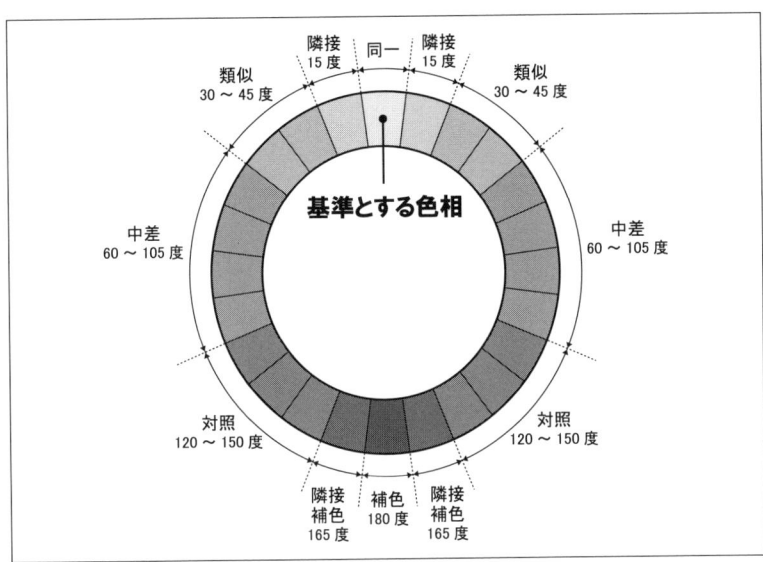

図4●基準色に対する呼び名（24分割の色相環、口絵14も参照）

り、それぞれの色相が15度の角度を持っています。

> **COLUMN** 配色チェックのWebサイト
>
> インターネット上には、デザイン時の配色を手助けするWebサイトが数多くあります。例えば、下の図はアドビシステムズが提供しているカラーバーチャートサービス(http://kuler.adobe.com/)[2]です。このWebサイトでは、数千もの組み合わせの配色を探し出したり、登録したりすることができます。
>
> このWebサイトでは、利用者の登録した配色が互いに共有されます。登録された数多くの配色は、Newest(新着)やMost Popular(最も人気のある)、Highest rated(最も高評価)、Random(ランダム)といった機能を利用して、好みのものを探し出すことができるようになっています。自分ではなかなか気に入った配色を作り出せない場合には、こういったサービスを利用するのも良い方法ではないでしょうか。
>
> アドビシステムズが提供するカラーバーチャートサービスKuler

※1 「補色」という言葉には、色相環の向かい側の広い範囲の色相(約120度〜180度)を表す場合と、反対側(約180度)の色相を表す場合があります。本文の説明では、前者の意味で使用していますが、187ページ図4の補色は後者の意味となります。

※2 Kulerは、名称が「Adobe Color CC」に変わり、機能が追加されています。

4-3-2 色の役割分担と配色サンプル

次に、ソフトウェアの画面における色の役割分担を考えてみましょう。実際に何かをデザインする場合には、メインカラー（基調色）、サブカラー（副調色）、アクセントカラー（強調色）を組み合わせて配色します。ソフトウェア画面の場合には、メインカラーはソフトウェア全体のイメージカラー、サブカラーは背景色や項目名のラベルの背景色などに採用します。

図5は、基本的な要素が含まれたソフトウェアのサンプル画面です。ここでは、このサンプル画面を使って、前の項で説明した手法を用いて配色を変更してみましょう。設定する色は、メインカラー（タイトルバーとフッターの色）、見出し、背景色の3つの要素です。

なお、ここから説明する配色方法については、口絵に掲載したサンプル画面（**口絵15～22**）を参照しながらお読みください。

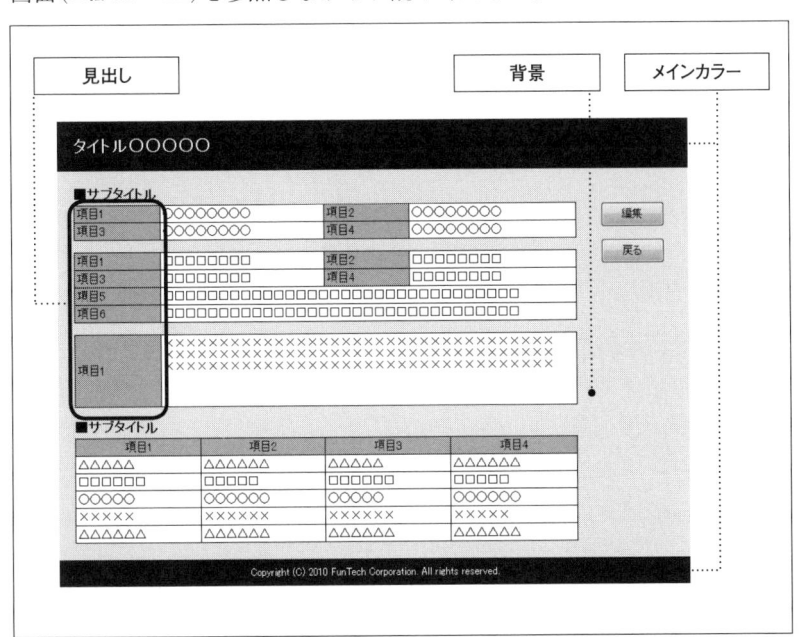

図5●サンプル画面における配色の要素

同一色相1（青で明度のみを調整したもの）

口絵15は、同じ色相の色を使い、明度のみで調整した場合の配色です。メインカラー、見出し、背景共に色相としては同じ青ですが、明度がそれぞれ20%、85%、95%と異なります。同一色相の配色は、まとまりがある落ち着いた印象になりますが、変化に乏しく面白みのない配色とも言えます。

同一色相2（同一色相1の彩度を調整したもの）

口絵16は、前の配色（同一色相1）を元に彩度を調整した配色です。同一色相1のように明度だけで調整した場合には、鮮やかすぎて色味がきつくなることがあるため、彩度によって鮮やかさを調整します。ここでは、見出しと背景の彩度を50%に調整しました。

同一色相3（同一色相2の色相のみを変更したもの）

口絵17は、彩度と明度を同一色相2と同じにしたまま、他の色相に変更した場合の配色です。ここでは、緑にした場合のサンプルになっています。

コーポレートカラーや「2-4　色」で説明したような色の効果などから、ソフトウェアのイメージとして使いたい基調色を決定し、その色を色相に設定すれば、簡単にまとまりのある色の組み合わせを作り出すことができます。

類似色相1（類似した色相を組み合わせたもの）

口絵18は、メインカラーと見出し、背景のそれぞれを類似した色相（色相環で隣接した色）で組み合わせた配色です。似たような色相の組み合

わせはまとまりのある印象になります。類似色相は、同一色相に比べると少しだけ遊びがある配色と言えます。

ここでのサンプルは全体的に色が濃く、強すぎるイメージになっています。これは、背景などの面積が広い要素に対しても、インパクトのある色を割り当てたためです。

類似色相2（類似色相1の明度を調整したもの）

口絵19は、類似色相1を元にして、見出しと背景色の明度を変更したものです。このように要素ごとに明度を調整することで、落ち着きのある配色にすることができます。

類似色相3（類似色相2の色相のみを変更したもの）

口絵20は、類似色相2の組み合わせをそのまま別の色で利用した配色です。ここでは、メインカラーを緑に変更しています。なお、メインカラーを基準として、見出しの色相は－15度、背景の色相は＋15度と、相対的な位置は類似色相2と同じです。

補色色相（補色を組み合わせたもの）

口絵21は、メインカラーに対して、色相環で向かい側に位置する色（補色）を見出しとして使用した配色です。それぞれの色が互いの色を引き立てる効果を持つため、全体のイメージとしてインパクトのある配色にすることができます。なお、背景については他の色の影響を受けにくいようにするため、薄いグレーにしています。

パステルカラー

　明度が高く彩度が低い淡い色をパステルカラーと呼びます。パステルカラー同士は異なる色相のものを組み合わせても、まとまりのあるイメージで利用することができます。**口絵22**では、メインカラーと4種類の見出しに計5色のパステルカラーを割り当てています。背景については薄いグレーにしています。色相環のばらばらな色を取り出しているにも関わらず、統一感のある配色になっていることがわかります。

　なお、パステルカラーは彩度を上げると白に近づいていきますが、そのような色の組み合わせも、コンピュータ画面ではパステルカラーを明るくした感じでとても使いやすい配色と言えます。

　色や配色に対する基本的な知識があれば、基調とする色を元にして、これらの配色サンプルのように落ち着いたデザイン、メリハリのあるデザイン、まとまりのあるデザインなど、イメージにあったデザインを比較的簡単に作り出すことができます。ぜひ、実際の画面を用いて、色相環、彩度、明度を使用した配色に挑戦してみてください。また、188ページのコラムで紹介した「カラーバーチャートサービスKuler」のようなカラーバーチャートを参考にして個々の要素に色を割り当てていくやり方も、簡単できれいな画面を作り出すための手法のひとつです。

4-3-3　視認性の向上とコントラスト

　視認性とは、ものの見えやすさのことを言います。多くのソフトウェアにおいて、情報を把握しやすくする、つまり視認性を向上させることはとても大切なこととなります。特に、ユーザーにテキストを読ませたり入力させたりするソフトウェアの場合には、テキストの視認性向上は最も重要なものと言えます。

　ソフトウェア画面における視認性向上のためには、背景部分と文字部分

に適正なコントラストを持たせることが大切です。コントラストとは、一番暗い部分と一番明るい部分との明るさの差のことを言います。テキストの適正なコントラストは、視認性を向上させるだけでなく、目の疲れやすさを低減させることにもつながります。

最もコントラストが高いのは、黒地に白字または白地に黒字です。逆に、コントラストが低いのは、オレンジ色の背景に赤字など、同系色同士を組み合わせた配色です。デザインを重視した場合には、文字もデザイン要素のひとつとして取り扱うことになりますが、このとき文字の配色への配慮が足らない場合には、背景部分と文字部分のコントラストを軽視したデザインになりやすいことに注意してください。このような問題は、総合的なインタフェースデザインとしてではなく、画面のみをデザインした場合に起こりやすく、一般のデザイナに依頼した場合においては逆に発生しやすくなることもあるため注意が必要です。文字を読みやすくするということは、画面全体からすると統一されたデザイン感を崩すことになることも多いため、このあたりの調整はとても難しいものがあります。しかし、"見せるソフトウェア"ではなく、"使うソフトウェア"であれば、やはりテキストを読みやすくするというのが何よりも優先されるべきであると言えるでしょう。

コントラスト

図6●白地に黒は最もコントラストが高い（口絵23も参照）

さて、このような視認性を確保するためのコントラストは、どのように検証すればよいでしょうか。何よりも確実な方法は、できあがった画面に適当な長さの文章を配置して、どの程度見やすいものかということを実際にチェックすることです。この際に、コンピュータによって、ディスプレ

イの設定や性能が異なるということに注意してください。いくつかのディスプレイで検証すること、そしてぎりぎりの調整を行わないこと（どのような環境でも見やすくするためにコントラストを少しだけ高めに確保しておくこと）が大切です。

明度差と色差

コントラストというのは感覚的なものとなりますが、実際に2つの色から適正なコントラストを算出するためには、明度差と色差の値を利用することが一般的です。その名の通り、明度差とは2つの色の明るさの差を示し、色差とは色の違いを示します。

明度差と色差は、それぞれ以下の計算式で求めることができます。この計算式は、色をRGB（R = 赤、G = 緑、B = 青）に分解して、個々の数字（0 〜 255、16進数では00 〜 FFと表現される）を用いて算出します。個々のRGBの値を色ごとに重み付けすることで明度を算出できます。別の言い方をすると、グレースケール（白から黒までの明るさだけを変化させた色の表現方法のこと）での明るさの違いを求めるものになります。

明度：(R × 299 ＋ G × 587 ＋ B × 114) ÷ 1000
※Rは赤の値、Gは緑の値、Bは青の値を示す。

明度差：明るい方の色の明度－暗い方の色の明度

色差：(R1 － R2)の絶対値＋(G1 － G2)の絶対値＋(B1 － B2)の絶対値
※RGBの後ろの数字は1つ目の色と2つ目の色を示す。
※絶対値とは、計算結果が負の場合に符号を外した正の値にしたもの。2つの値の差を表す。

ここで、白背景（RGB：255,255,255）に赤文字（RGB：255,0,0）と青文字（RGB：0,0,255）を比較してみましょう。白背景に赤文字の場合、白の明度は255（(255 × 299 ＋ 255 × 587 ＋ 255 × 144) ÷ 1000）で赤の明度は76（(255 × 299 ＋ 0 × 587 ＋ 0 × 144) ÷ 1000）のため、明度差は179となり

ます。これに対して、青は明度が29（(0×299＋0×587＋255×144)÷1000）であり、明度差は226となります。このことから、白背景の場合、赤文字よりも青文字の方が明度差が大きいことがわかります。色差は赤文字の場合でも青文字の場合でも、同じ510となりますが、明度差が大きいため、白背景の場合には赤文字よりも青文字の方が見やすいことがわかります。このことは、実際にサンプル画面を作成してみると一目瞭然です。

　一般的に何らかのメッセージを画面上に表示する場合、「赤い文字で」や「青い文字で」といった具合に、赤や青、緑といった色を同列に使用してしまう傾向があると思いますが、画面上での見やすさから考えた場合には赤と青とでは大きな差があるというのが、この数字からでもわかるのではないでしょうか（つまり、赤と青の両方を文字として使用する場合には、青に合わせるために赤の明度を少し下げるとよいでしょう）。

　Webサイト技術の標準化団体であるW3C（World Wide Web Consortium）のガイドラインでは、明度差は125以上、色差は500以上が推奨されています（このガイドラインは、モノクロモニタへの対応も考慮したものになっています）。

　なお、この式を用いた明度差と色差の算出は大変面倒なものですが、インターネットからダウンロードできるソフトウェアやチェック用のWebサイトを利用することで、簡単に確認することができます。次ページ図7は、富士通株式会社が無償で提供しているカラーアクセシビリティチェック用ツールColorSelector[※1]です。このツールでは、文字色と背景色のRGB値を16進数で入力したり、カラーパレットから色を選択したりするだけで、自動的に指定した組み合わせの見やすさがチェックされ、一般人や色覚異常を持つ人を対象とした視認性の判定結果が表示されます。

※1　富士通株式会社は2013年8月にアクセシビリティ関連ツールの提供を終了しました。同様のツールについては「コントラストチェック」等で検索してください。

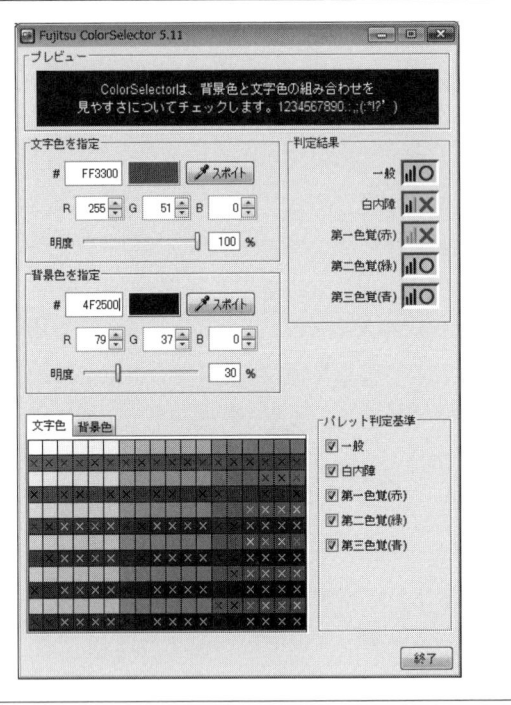

図7 ●カラーアクセシビリティチェック用ツール ColorSelector（口絵24も参照）

　次に、グレースケールの場合の例を見てみましょう。グレースケールはRGB値がすべて同じになるため、先ほどの明度の計算色は不要になります。そのまま、RGB値のいずれかの値の差が明度差となります。例えば、背景色が薄いグレー（RGB：204,204,204）で、文字色が濃いグレー（RGB：51,51,51）の場合には、明度差が204－51で153となり、前述のW3Cの推奨値に収まります。実際に画面上で確かめてみると、このぐらいの明度差があれば文字を読むための十分なコントラストが確保されているということがわかります。

　図8は、グレースケールにおいて、文字色と背景色をそれぞれ6段階に分割したもので、マス目の中に記述されている数字が明度差です。右上(薄い背景に濃い文字)または左下(濃い背景に薄い文字)の枠に囲まれている部分が許容される視認性を確保している組み合わせとなります。

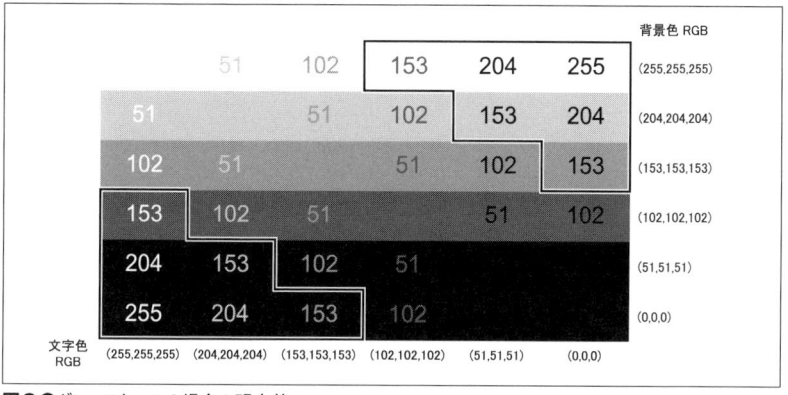

図8 ●グレースケールの場合の明度差

なお、この図でもわかりますが、白地に黒または黒地に白のように明度差が高すぎる場合には、視認性が良く読みやすいものですが、長時間利用した場合に目が疲れやすくなる傾向があります（特にコンピュータディスプレイでは）。そのため、背景または文字の明度を少しだけ調整して、明度差を小さくした方が見やすい（目が疲れにくい）画面になります。特に、白地に黒文字の場合には、光で情報を表示するというディスプレイの特性上、目が非常に疲れやすくなるため、できるだけ薄い色を背景として使用することをお勧めします。

色覚異常を持つ人への対応

ソフトウェアの画面デザインにおいては、色覚異常を持つ人への対応も大切なものとなります。特に、「赤緑色覚異常」と呼ばれる赤と緑の区別が付きにくい色覚異常に最も多くの対象者が存在します。赤緑色覚異常の対象者数は男女差が激しく、日本では男性の20人に1人（5％）、女性の500人に1人（0.2％）が該当すると言われています（軽度の色覚異常を含む）。なお、欧米人の男性は日本人よりも赤緑色覚異常を持つ人の数は多く、約6〜9％も存在します。

そのため、ソフトウェアの画面において色を使用する場合には、赤い

背景に緑の文字や、緑の背景に赤い色の文字といった色の組み合わせ(背景色と前景色での利用)を避け、適切な明度差と色差を取ることが大切です。なお、赤緑色覚異常を持つ人以外への対応も考慮して、文字情報を載せる画面の背景色については、できるだけ白系の薄い色を利用して、適度なコントラストを確保するようにしてください。

他の注意事項としては、情報を色だけで表現することは避けて、必ずテキストまたは記号などを合わせた表示を採用するということです。**図9**は、データの文字色によって3種類のステータスを示したものです(悪い例)。この画面では、色覚異常を持つ人がデータのステータスを把握することができない可能性があります。これを改善するためには、**図10**のように色以外の方法で情報(この例ではステータスのマーク)を提供するやり方が考えられます。

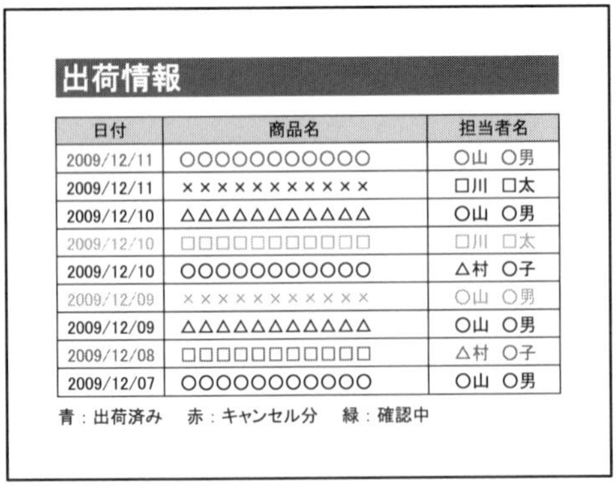

出荷情報

日付	商品名	担当者名
2009/12/11	○○○○○○○○○○○	○山 ○男
2009/12/11	×××××××××××	□川 □太
2009/12/10	△△△△△△△△△△△	○山 ○男
2009/12/10	□□□□□□□□□□□	□川 □太
2009/12/10	○○○○○○○○○○○	△村 ○子
2009/12/09	×××××××××××	○山 ○男
2009/12/09	△△△△△△△△△△△	○山 ○男
2009/12/08	□□□□□□□□□□□	△村 ○子
2009/12/07	○○○○○○○○○○○	○山 ○男

青：出荷済み　赤：キャンセル分　緑：確認中

図9●色だけで情報を表現した例(悪い例、口絵25も参照)

日付	商品名	担当者名	ステータス
2009/12/11	○○○○○○○○○○	○山 ○男	確認中
2009/12/11	×××××××××××	□川 □太	出荷済み
2009/12/10	△△△△△△△△△△	○山 ○男	出荷済み
2009/12/10	□□□□□□□□□□	□川 □太	キャンセル
2009/12/10	○○○○○○○○○○	△村 ○子	出荷済み
2009/12/09	×××××××××××	○山 ○男	キャンセル
2009/12/09	△△△△△△△△△△	○山 ○男	出荷済み
2009/12/08	□□□□□□□□□□	△村 ○子	確認中
2009/12/07	○○○○○○○○○○	○山 ○男	出荷済み
2009/12/07	○○○○○○○○○○	○山 ○男	出荷済み

図10●色以外の方法で情報を表現するように修正した例（改善案、口絵26も参照）

4-3-4　視線の安定と情報の入手

　使い勝手の良いソフトウェアの画面を作ることは簡単なことではありません。特に万人が使いやすい、わかりやすいと感じるインタフェースを作り出すことは、とても難しいことです。しかし、本書で説明してきたように、形や色、配置といったさまざまな要素、そして人間の認知というものをひとつひとつきちんと考えていくことで、インタフェース画面は少しずつでも使いやすくなるはずです。

　ここでは、そのような細かなテクニックのひとつとして、ユーザーの視線を安定させ、情報を探しやすくする方法を紹介します。

情報の探索と視線の安定

　ユーザーがソフトウェアを操作する際には、まず画面の中で情報を参照し、次に目的となる操作を行うためのコントロール（ボタンやリンクなど）を探します。これらの作業においては、いずれも画面内で情報を探すという行為が行われます。つまり、目的とする情報やコントロールをどれだけ容易に、そして確実に探すことができるかということが重要になるわけです。

Chapter4　よりよいシステムにするために

　ひとつの画面内に多くの情報が含まれている場合には、ユーザーは情報を探すのに手間取ります。このとき、デザインに少しだけ手を加えることよって、ユーザーの視線を安定させ、情報の検索を補助することが可能になります。具体的には、以下のような方法が考えられます。

・情報のグループ化（サブタイトルや区分け線）

　項目数の多い画面の場合には、第一に情報をグループ化することが大切です。情報を適切にグループ化することで、ユーザーは情報を探す際に階層的に視線を動かすことができるようになります。

　具体的には、ある程度の情報量を持つ画面の場合には、情報をグループ化し、目を止めるきっかけとなるサブタイトルを配置することで、情報の探しやすさが向上します。これは、ユーザーが画面内で情報を探索する場合に、まずサブタイトルによってグループを探し、次に目的とする項目を探すといった具合に、段階的に探索することができるようになるためです。このような処理は情報の探しやすさ、すなわち探索時間の短縮といった操作性の向上をもたらしますが、それに伴いユーザーの目の疲れやすさを軽減する役割も果たします。

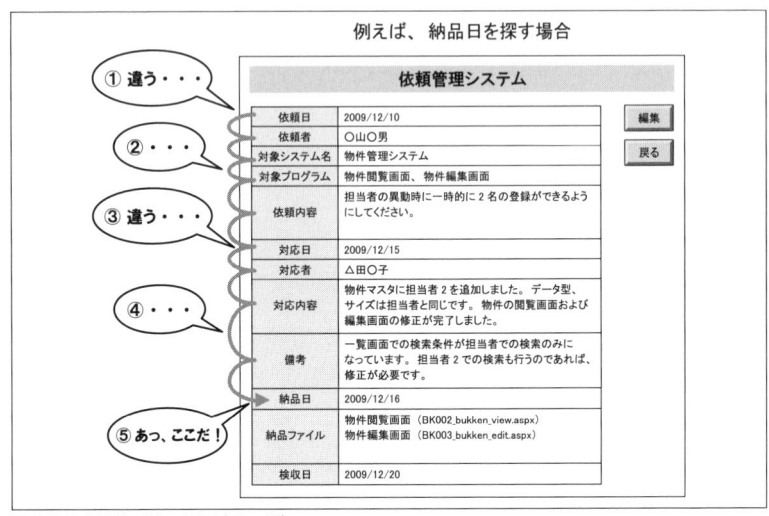

図11●項目数が多い画面（悪い例）

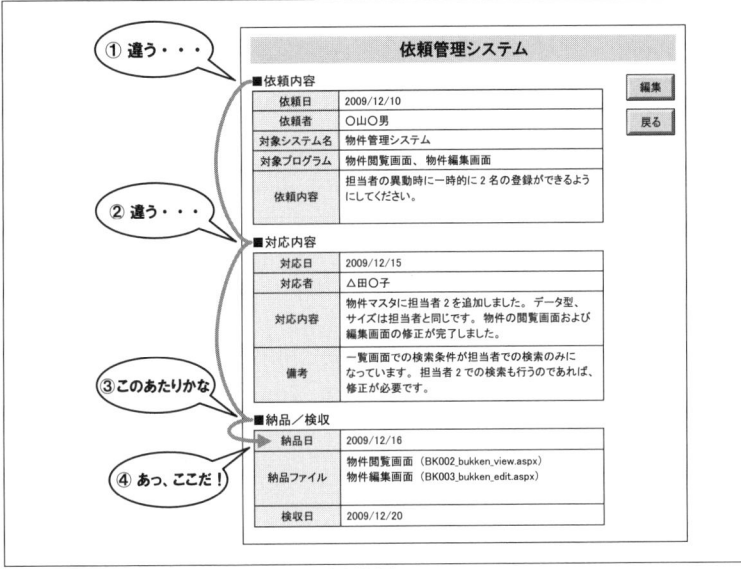

図12 ● サブタイトルが情報探索を楽にする（改善案）

・一覧リストの塗りつぶし

一覧リストでは、1行ごとの情報の読み取りを補助するために1行ごとに背景を塗りつぶすなどの方法で、前後の行との区分けを行うと読みやすくなります。

図13 ● 情報量の多い一覧リストの場合には、1行ごとに塗りつぶしを入れるとよい

Chapter4 よりよいシステムにするために

・情報の整理と折り畳み機能

情報量が多い（文章が多いまたは表示項目が多い）場合には、折り畳み機能を装備するのも有効な方法です。ニュースサイトやブログなどでよく見かける方法としては、長い文章の場合に[続きを読む]のようなリンクを置いて、興味を持ったユーザーやその続きの情報を必要とするユーザーだけがすべての情報にアクセスできるようにするやり方があります。

ソフトウェア画面の場合でも、[>> 詳細を表示する]のような機能を用意して、詳細表示と簡易表示を切り替える方法が有効です。この折り畳み機能を利用すると、画面内に必要な情報を効率的に格納できるというメリットがあります。

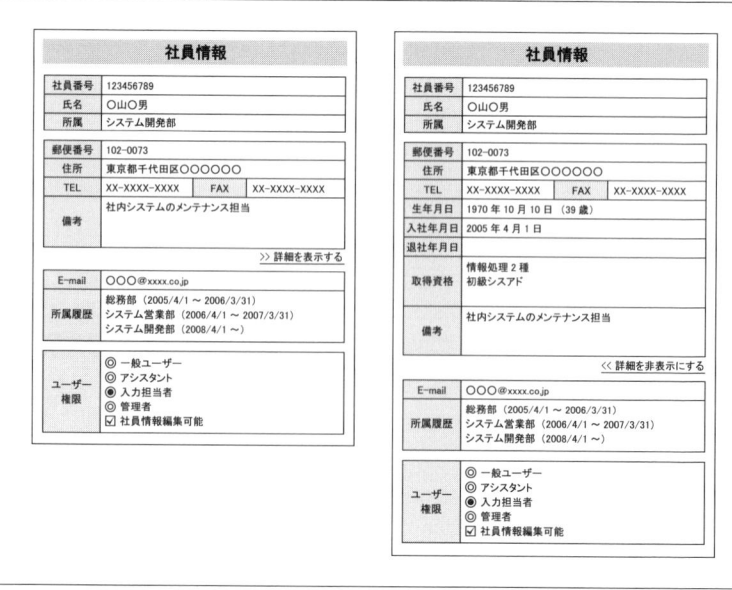

図14●通常は必要としない項目が多い場合には折り畳み機能を用意するとよい
（左：折り畳まれた状態、右：展開した状態）

位置の固定化

データ(ページ)を切り替えるたびに、操作を行うボタンやリンクの位置が変わるインタフェースがあります(**図15**)。これは、動的なコンテンツの出力を行っているWebアプリケーションに多く見られるものですが、ユーザーはソフトウェアの操作に慣れるにしたがって、画面内の位置情報を用いて操作することが増えるため、熟練ユーザーへの配慮としては、インタフェース要素の位置(画面内もしくはウィンドウ内の絶対位置)を固定することが必要になります(次ページ**図16**)。

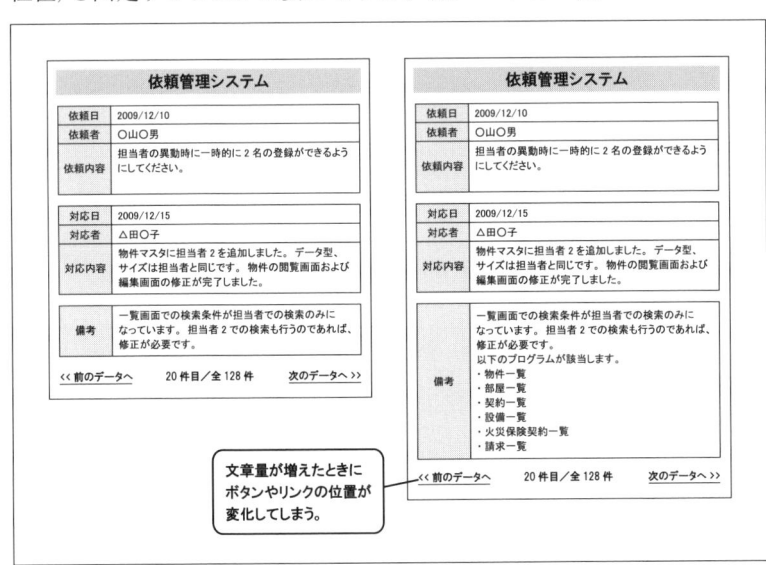

図15●情報量が増えた場合に操作用のコントロールの位置が変化する例(悪い例)

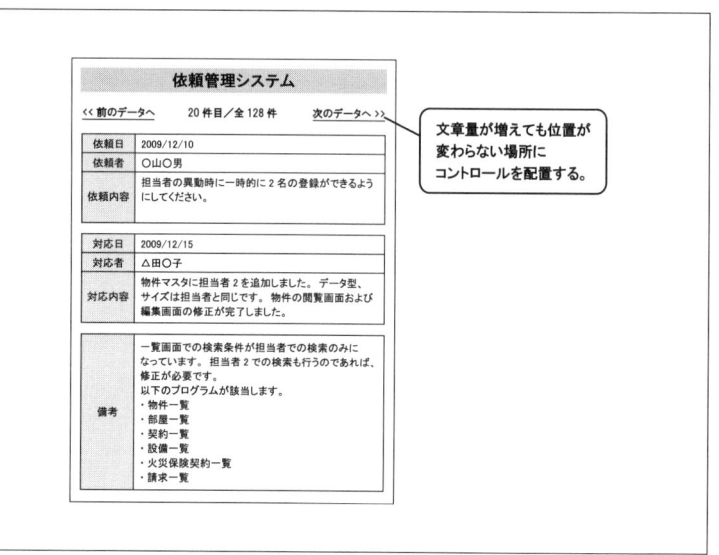

Chapter4 よりよいシステムにするために

図16 ●操作用のコントロールは位置を固定すると使いやすくなる(改善案)

4-3-5　バランスの良いデザイン

　この節の最後に、"心地よいデザイン"にするための画面デザイン上のいくつかのポイントを紹介します。

余白や間隔の統一

　余白(枠からコントロールまでの空白領域)は適正なサイズを空けて、上下左右の余白は統一します。特に、上下と左右の余白をそれぞれ同じ分だけ空けることで、全体的に安定したレイアウトになります。

　図17はメニュー画面の例ですが、左上のタイトル部において上の余白(①)と左の余白(②)が統一されていません。このような余白の不統一によって、人間は無意識のうちに不安定さを感じ取ります。また、このメニュー画面ではボタンの間隔が不適切です。ボタンとタイトルの間隔(③)が、ボタン同士の縦間隔(④)に比べて狭くなっています。このよう

に間隔を空けた場合、一行目の2つのボタンがタイトルの付属物として認知されるようになります。つまり、8個のボタンがグループとして認識しにくくなってしまいます。左の余白（⑤）とボタン同士の横間隔（⑥）についても同様です。

　これらの3点を修正したのが**図18**のメニュー画面です。この画面では、余白やボタン同士の間隔が統一されており、安定したレイアウトになったことがわかります。このようにちょっとした余白や間隔の統一によって、画面デザインのバランスが良くなるのです。

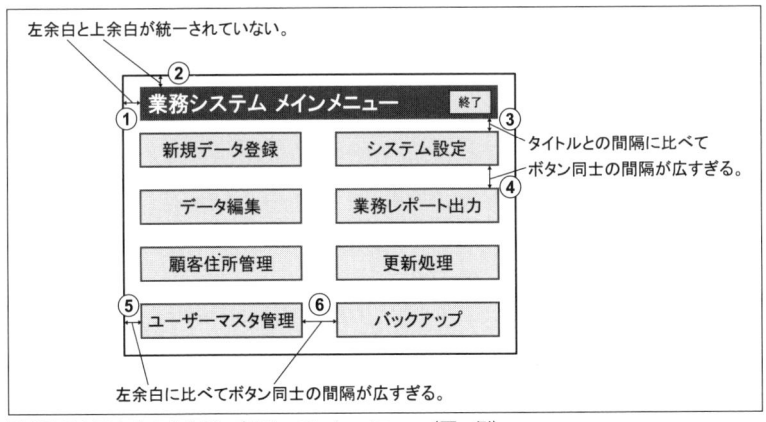

図17 ● 上下左右の余白が一定になっていないメニュー（悪い例）

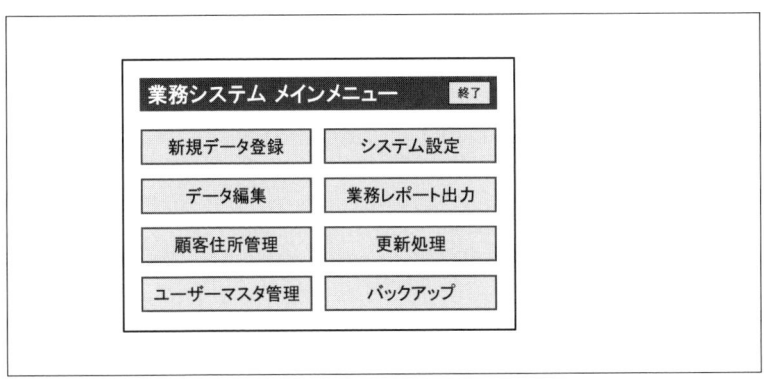

図18 ● 上下左右の余白を一定にしたメニュー（改善案）

Chapter4 よりよいシステムにするために

COLUMN　ユーザーの注意を引く

　状況によっては、ユーザーに画面内のある箇所に着目してもらいたいことがあります。それは、エラーが発生している項目であったり、最終確認すべき内容（銀行のATMであれば振込先や金額）であったりとソフトウェアによってさまざまです。このような場合の対応策としては、いくつかの方法が考えられますが、一番簡単な方法は該当箇所だけ文字を大きくしたり、目立つ色にしたりすることです。また、点滅するアニメーションなども効果的です。

　ここでは、別の方法として矢印を使う方法を紹介します。ポイントは「人は矢印の指す方向を見る」ということです。「あっち向いてホイ」をすると、神経を集中していないとつい相手の指した方向につられてしまうものですが、これは人間が指された方向に注目するという習性によるものです。このような人間の習性を利用して、着目してもらいたい箇所を矢印で指すというのも画面デザインの良い方法と言えます。

　「ユーザ中心ウェブサイト戦略　仮説検証アプローチによるユーザビリティサイエンスの実践」（株式会社ビービット　武井由紀子/遠藤直紀著、ソフトバンククリエイティブ、2006年）は、Webサイトのデザインやユーザビリティについて解説している書籍ですが、この本は表紙がこの矢印の効果を示すデザイン（書籍名に視線を集める）になっています。

『ユーザ中心ウェブサイト戦略』の表紙

グリッドレイアウト

どのようなソフトウェアであっても、画面内に多くのコントロールが配置されることになります。バランスの良いデザインにするためには、「グリッドレイアウト」というデザイン技法が有効です。グリッドレイアウトは、その名の通り、デザインする各要素をグリッド上に配置する形でレイアウトする方法です。ここでのポイントは、それぞれの要素をできる限り揃えていくことです。

例えば、図19のような画面を考えてみましょう。

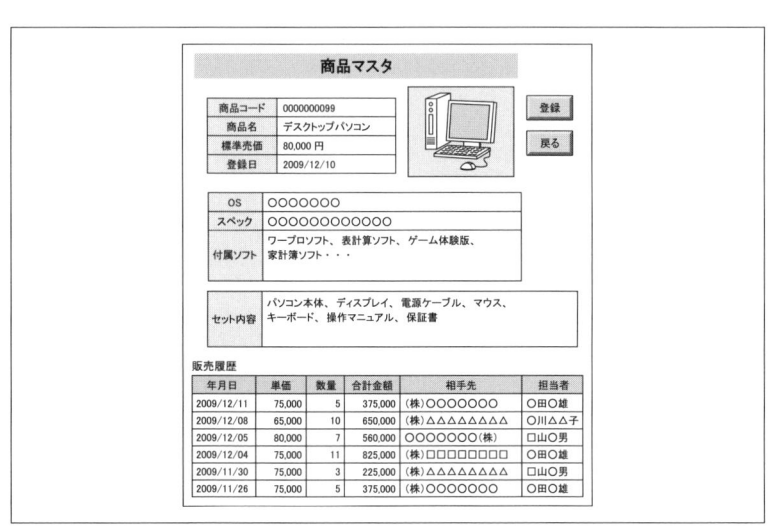

図19●要素が揃っていない画面（悪い例）

この画面の場合、タイトル、ラベル、テキストボックス、写真、ボタンといった要素がありますが、グリッドレイアウトでは、これらの要素をグリッド上に配置し、画面内の各要素をできる限り上下左右に整列させます（次ページ図20参照）。

このようにして整列させた結果が図21です。元の画面と比べると、安定感のあるレイアウトになっていることがわかると思います。また、下部の「販売履歴」のリストの縦線は、上部のデータ部の縦線とは完全に

は揃っていません。そのため、画面を分離させたイメージを作るために区切り線(横線)を追加しています。このような区切り線は、イメージを分離させることができるだけでなく、デザイン上のちょっとしたアクセントとしての効果もあります。

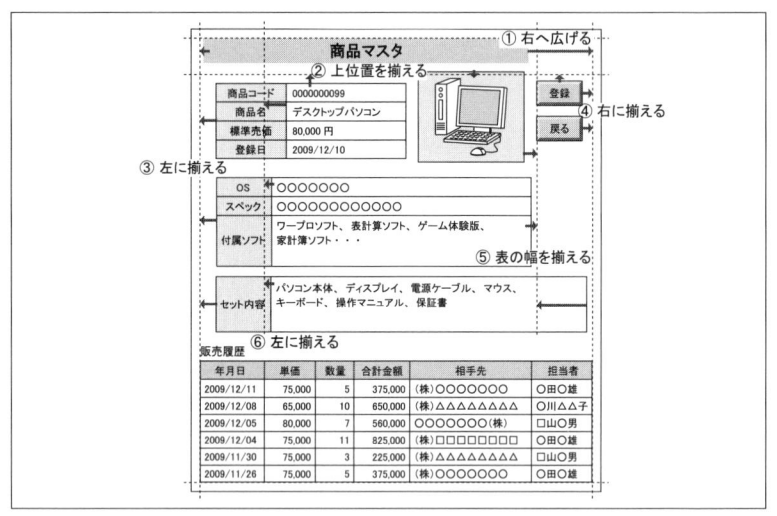

図20●グリッドレイアウトで整列させる

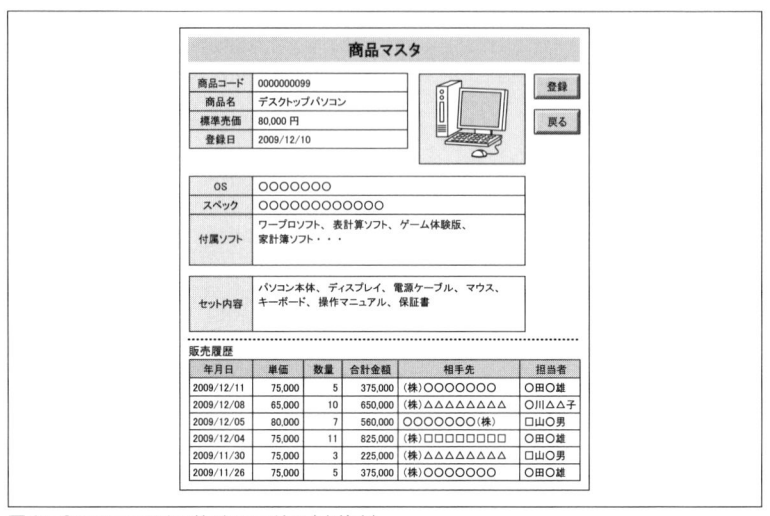

図21●すべての要素を整列させた結果(改善案)

このグリッドレイアウトの考え方は、印刷物のデザインで昔から使われているものですが、ソフトウェア画面においても、そのまま当てはめることができます。

　なお、一覧画面において、日付の表記を「2010/04/09」のように0で揃えた書式にすることも、視線のラインを揃えるという意味でレイアウトを整える効果があります。

メリハリの効いたデザイン

　この項で説明したことがらを適応した場合、その画面はまとまりのあるものになると思いますが、逆に言うと整然としすぎていて面白みのない画面となってしまうはずです。そのような場合に、メリハリの効いた画面デザインにするための方法を紹介します。

　次ページ**図22**の画面はグリッド上に揃えられ、統一されたレイアウトで整然とした印象のデザインになっています。このような画面の場合、表示しているデータの中から、種別からステータスといった特殊（または重要）な属性情報を色分けしたアイコンなどに置き換えて、ブロックの外側に配置します。**図23**は、ステータスを表の右上にアイコンとして表示するようにしたものです。さらに、この画面では更新日時と更新者をあえて欄外に配置しています。このように、一部の情報を別の形式で表示したり、アクセントとして少しだけ目立つ色の画像で表示したりすることで、メリハリの効いたデザインにすることができます。

　これ以外の方法としては、項目を分けてサブタイトルを付けたり、囲み線や区切り線を入れたりする方法も考えられます。

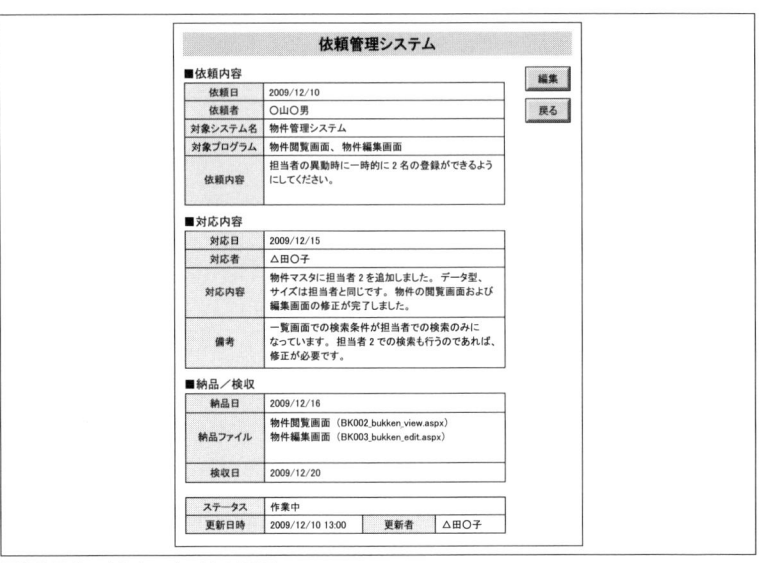

Chapter4 よりよいシステムにするために

図22 ●統一されたレイアウトの画面

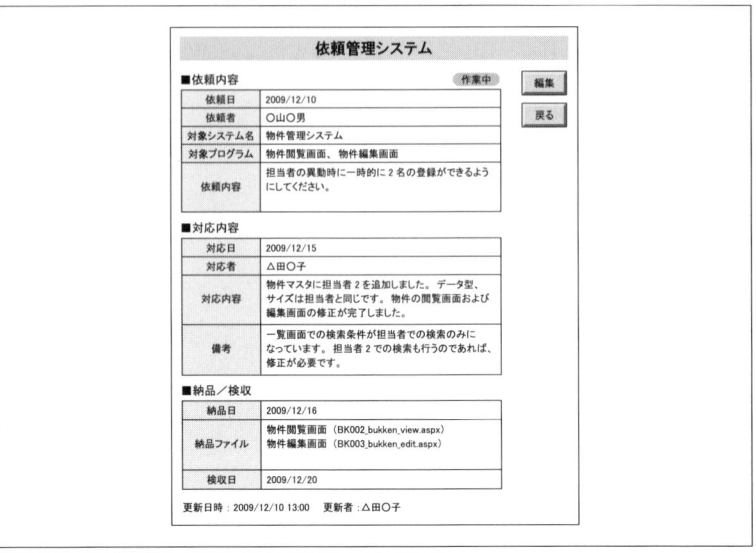

図23 ●アクセントを付けてメリハリのあるデザインにした画面

COLUMN　アンチエイリアスの効果

　アンチエイリアス（anti-aliasing）とは、画像のギザギザをなくすために画像の周りににじみを入れる技術です。ディスプレイはドットの集まりで表現しているため、白地に黒のようなはっきりとした画像を表示した場合、どうしてもジャギーと呼ばれるギザギザが目立ってしまうものです。このような画像にアンチエイリアスをかけると、このジャギーを目立たなくすることができ、ユーザーの無意識のいらだちをなくすことができます。

　図は48ポイントの文字とその一部分を拡大したものですが、上の図の方は文字の縁にギザギザの部分が現れます。これをアンチエイリアスで補正することで、下の図のように目に優しい画像となります。アンチエイリアスの基本的な考え方はとても簡単なもので、ドットの境界をそれぞれの中間色で塗りつぶすというものです。アンチエイリアスは画像だけでなく、ロゴなどのようにある程度のサイズを持つテキストにも利用できます。

　なお、アンチエイリアスは画像の輪郭を意図的ににじませるものであり、画像の種類や文字のサイズによってはかえって見づらくしてしまう場合もあるため、アンチエイリアスを使用する場合には注意が必要です。

アンチエイリアスを使用すると、画像の輪郭をなめらかにすることができる
（上：アンチエイリアスなし、下：アンチエイリアスあり）

| 参 考 書 籍 |

本書の執筆のために、数多くの書籍やWebサイトの情報を参考にしました。ここにすべてを記載することはできませんが、その中でも特に有益な情報を頂いた書籍を以下に列挙します。ぜひ、学習の参考にしてください。

■ユーザーインタフェース関連
「誰のためのデザイン？　認知科学者のデザイン原論」(ドナルド.A.ノーマン著、野島久雄訳、新曜社、1990年)
「認知的インタフェース　コンピュータとの知的つきあい方」(海保博之著、原田悦子著、黒須正明著、新曜社、1991年)
「応用人間工学の視点に基づく　ユーザインタフェースデザインの実践」(山岡俊樹著、岡田明著、海文堂出版、1999年)
「ユーザインタフェイスの実践的評価法　チェックリストアプローチによる使いやすさの向上」(S.ラブデン著、G.ジョンソン著、東基衞監訳、小松原明哲訳、海文堂出版、1993年)
「対話型システムの認知人間工学設計」(小松原明哲著、技報堂出版、1992年)

■認知科学、認知心理学関連
「認知科学」(大島尚編、新曜社、1986年)
「ハートギャラリー　はじめての認知心理学」(伊藤進著、川島書店、1994年)
「アフォーダンス—新しい認知の理論」(佐々木正人著、岩波書店、1994年)
「視覚のトリック　だまし絵が語る＜見る＞しくみ」(R.N.シェパード著、鈴木光太郎訳、芳賀康朗訳、新曜社、1993年)
「錯覚のはなし」(V.コブ著、L.モリル絵、崎川範行訳、東京図書、1989年)
「ライト、ついてますか　問題発見の人間学」(ドナルド・C・ゴース著、ジェラルド・M・ワインバーグ著、木村泉訳、共立出版、1987年)

■ヒューマンエラー関連
「人はなぜ誤るのか　ヒューマン・エラーの光と影」(海保博之著、福村出版、1999年)
「ヒューマンエラー　認知科学的アプローチ」(J.リーソン著、林喜男監訳、海文堂出版、1994年)
「ヒューマンエラー」(小松原明哲著、丸善、2003年)
「失敗のメカニズム　忘れ物から巨大事故まで」(芳賀繁著、日本出版サービス、2000年)
「ヒューマンエラーの心理学　医療・交通・原子力事故はなぜ起こるのか」(大山正編、丸山康則編、麗澤大学出版会、2001年)

■デザイン関連
「造形構成の心理」(小林重順著、ダヴィッド社、1978年)
「増補　色の秘密　最新色彩学入門」(野村順一著、ネスコ、1994年)
「色と形の深層心理」(岩井寛著、日本放送出版協会、1986年)
「設計美学」(フレッド・アシュフォード著、高梨隆雄訳、ダヴィッド社、1982年)
「色彩構成　配色による創造」(ジョセフ・アルバース著、白石和也訳、ダヴィッド社、1972年)
「決定版 色彩とパーソナリティ — 色でさぐるイメージの世界」(松岡武著、金子書房、1995年)
「続黄金分割　日本の比例　法隆寺から浮世絵まで」(柳亮著、美術出版社、1977年)
「黄金比はすべてを美しくするか？　最も謎めいた「比率」をめぐる数学物語」(マリオ・リヴィオ著、斉藤隆央訳、早川書房、2005年)

INDEX

英数字

- 3Dコンポーネント ……………… 91, 94
- 3Dボタン ……………………………… 85, 92
- 4色刷り ………………………………………… 73
- ATM …………………………………………… 157
- CMYK ………………………………………… 73
- CUI ……………………………………………… 14
- DVORAK配列 ……………………………107
- F型視線 ……………………………………… 62
- GUI ……………………………………………… 14
- PERT図 ……………………………………144
- QWERTY配列 ……………………………107
- RGB …………………………………… 71, 194
- Webセーフカラー ………………………… 75
- Z型視線 ……………………………………… 62

かな

あ

- アイコン …………………………… 30, 132
- アクセントカラー ……………………… 189
- アニメーション ………………… 82, 138
- アフォーダンス ……………… 34, 45, 91
- 安全装置 …………………………………… 155
- アンチエイリアス ……………………… 211
- アンドゥ …………………………………… 159

い

- 色 ……………………………… 65, 132, 182
- 3原色 ………………………………………… 71
- イメージ …………………………………… 70
- 大きさ ……………………………………… 76
- 奥行き ……………………………………… 76
- 重さ ………………………………………… 75
- 温度 ………………………………………… 67
- くつろぎ …………………………………… 67
- 時間の経過 ……………………………… 70
- 色深度 ……………………………………… 71
- インタフェース ………………………… 13

う

- ウィザード ………………………………122
- ウィンドウ ………………………… 80, 90

動

- 動きの処理 ……………………………… 79

え

- エラーメッセージ ………………………178
- エレベータ ………………………………… 54
- 円形 ………………………………… 38, 62

お

- 黄金比 ……………………………………… 40
- 音 …………………………………………… 84
- オブジェクト型 ……………… 109, 117
- 折り畳み機能 …………………………202

か

- 階層化 ……………………………………166
- 回転 ………………………………………… 62
- 鏡文字 ……………………………………… 53
- 学習効果 …………………………………123
- 学生 ………………………………………148
- 加法混色 …………………………………… 71
- 画面 ………………………………………… 52
- カラーアクセシビリティ …… viii, 195

き

- キーボード …… 100, 106, 126, 133
- 基調色 ……………………………… 183, 189
- 亀甲獣骨文字 …………………………… 27
- キャッシュカード …………………… 42
- 強調色 ……………………………………189

く

- 楔形文字 …………………………………… 27
- グラフィックツール …………………… 74
- グリッドレイアウト ……………………207
- グループ化 ……………… 94, 171, 200
- グレースケール ………………………196
- クレジットカード ……………………… 42
- 区分け線 …………………………………200

け

- 減法混色 …………………………………… 73

こ

- 後退色 ……………………………………… 76
- 交通標識 ……………………………… iii, 77
- 興奮色 ……………………………………… 68
- 高齢者 ……………………………………149

INDEX

五角形 …………………………… 43
ゴシック体 ……………………… 37
五芒星 …………………………… 44
五稜郭 ………………………… i, 43
コンテキストメニュー ………… 102
コントラスト ……………… viii, 192
コンポーネント ………………… 90

さ

彩度 ……………………………… 65
逆さ文字 ………………………… 53
錯視 ………………………… 48, 92
サブカラー …………………… 189
サブタイトル ………………… 200
サンプルボックス …………… 181

し

視覚探索 ……………………… 170
四角形 …………………………… 38
時間 …………………………… 150
　処理 ………………………… 136
色覚異常 ……………………… 197
色差 …………………………… 194
色相 ……………………… 65, 185
色相環 ……………………… ii, iii, 66
視線 …………………………… 199
自動車 ………………………… 123
視認性 ………………………… 192
社会人 ………………………… 148
収縮色 ………………………… 76
小学生 ………………………… 148
上下の序列 ……………………… 53
商品パッケージ ……………… 184
処理時間の統一 ……………… 143
進出色 …………………………… 76

す

垂直 ……………………………… 52
スイッチ ……………………… 124
水平 ……………………………… 52
スクリーン ……………………… 52
スクリーンセーバー ………… 145
ステータスバー ……………… 180
ステップ表示 ………………… 169
ストレス ……………………… 164
砂時計ポインタ ……………… 175
スリップ …………………… 19, 20

せ

赤緑色覚異常 ………………… 197

そ

操作パネル ……………………… 31
速読術 …………………………… 30

た

ダイアログボックス ………… 133
体感温度 ………………………… 67
タイトルバー ………………… 189
対話型 ………………… 109, 115
楕円形 …………………………… 38
多義図形 ………………………… 57
タッチパネル ………… 86, 100, 104
ダブルクリック ………… 89, 102
短期記憶 ……………………… 170

ち

チェックボックス … 91, 130, 133, 162
チャイルドロック ……… 155, 162
沈静色 …………………………… 68

つ

ツールチップ …………… 33, 145
ツールバー ……………………… 33
ツールヒント …………… 33, 145

て

テキストボックス ………… 90, 160
テンキー ……………………… 134

と

ドア …………………………… 124
同一色相 ……………………… iv, v, 190
ドロップダウンリスト ……… 170

に

日本語の問題点 ………………… 28
認知科学 …………………… 15, 16
認知心理学 ………………… 15, 16

ね

ネッカーキューブ ……………… 57

は

ハイカラー ……………………… 71
背景色 ………………………… 189
パステルカラー …………… vii, 192
バックアップ ………………… 159
パンくずリスト ……………… 167

ひ

ヒエログリフ ………………… i, 27

光の3原色 …………………… ii, 71
左と右 ……………………………… 56
ヒューマンエラー …………… 19, 154
　　対策 ………………… 154, 158
表意文字 ………………………… 27
表音文字 ………………………… 28
ピラミッド …………………………… 40

ふ

フィードバック …………………… 174
フィボナッチ数列 ………………… 42
風水 ……………………………… 35
フールプルーフ …………… 156, 159
フェイルセーフ …………… 156, 159
フォント ……………………… 37, 148
副調色 ………………………… 189
フッター ………………………… 189
ブルースクリーン ………………… 69
フルカラー ……………………… 71
プレビューボックス ……………… 181
プログレスバー …………………… 58

へ

ヘルプ機能 ……………………… 179

ほ

膨張色 …………………………… 76
ホームページ …………… 146, 167
星形 ……………………………… 43
補色色相 …………………… vii, 191
ボタン ……………… 38, 85, 90, 161
　　実行タイミング ……………… 87

ま

マウス ……… 31, 85, 100, 101, 127
マウスポインタ …………………… 83
マジックナンバー ……………… 170
マッピング ………………………… 54
マップデザイン …………………… 60
マンマシンインタフェース ……… 100

み

右クリック ……………………… 103
ミステイク ………………… 19, 20
見出し ………………………… 189
明朝体 …………………………… 37

む

無意識の操作 ………………… 123

め

明度 ……………………………… 65
明度差 ………………………… 194
メインカラー ………………… 183, 189
メッセージボックス
　　……………… 32, 128, 132, 175
目の特徴 ………………………… 52

や

矢印 …………………………… 206

ゆ

ユーザーインタフェース ………… 13
ユーザーストレス ………………… 15
ユーザー分析 ………………… 147
ユーザーレベル ……………… 147

よ

幼児 …………………………… 147
予想時間 ……………………… 136
余白 …………………………… 204

ら

ライト・トーナス値 ……………… 68
ラジオボタン ……………… 91, 170
ラプス …………………… 19, 20

り

リストボックス ………………… 170
両義図形 ………………………… 57
リンク …………………………… 97

る

類似色相 ……………… v, vi, 190

ろ

ロッカー ………………………… 54

■著者紹介

古賀直樹（ファンテック株式会社　代表取締役）

東京理科大学応用数学科卒業。平成2年、教育用ソフトの企画・開発を行うことを目的にファンテック株式会社 (http://www.funtech.co.jp/) を設立。MS-DOSの時代からグラフィカルなインタフェースを研究し、ゲーム大工さん、童話大工さん、メディアルーム、メディアマップといった多くのエデュテインメントソフトを制作した。現在は、業務システムのコンサルタント・設計を主業務としている。
主な執筆書籍に、「体系的に学ぶコンピュータ言語」（日経BPソフトプレス）がある。
e-mail : n-koga@funtech.co.jp

UIデザインの基礎知識
〜プログラム設計から
アプリケーションデザインまで〜

2010年 5月25日　初版　第1刷発行
2022年10月 5日　初版　第4刷発行

著　者　古賀直樹
発行者　片岡　巌
発行所　株式会社技術評論社
　　　　東京都新宿区市谷左内町21-13
　　　　電話：03-3513-6150　販売促進部
　　　　　　　03-3513-6160　書籍編集部
印刷／製本　日経印刷株式会社

カバーデザイン◆花本浩一（麒麟三隻館）
カバーイラスト◆安田みつえ
本文デザイン・DTP◆立野友徳
企画・編集◆久保隆太郎
担当◆今村　恵（株式会社技術評論社）

定価はカバーに表示してあります。

本書の一部または全部を著作権法の定める範囲を超え、無断で複写、複製、転載、テープ化、ファイルに落とすことを禁じます。

©2010　古賀直樹

造本には細心の注意を払っておりますが、万一、乱丁（ページの乱れ）や落丁（ページの抜け）がございましたら、小社販売促進部までお送りください。送料小社負担にてお取り替えいたします。

ISBN978-4-7741-4230-2　C3055
Printed in Japan

■お問い合わせについて

本書に関するお問い合せは、下記の宛先までFAXまたは書面にてお送りください。なお、電話によるご質問、および本書に記載されている内容以外の事柄に関するご質問にはお答えできません。あらかじめご了承ください。

〒162-0846
東京都新宿区市谷左内町21-13
株式会社技術評論社　書籍編集部
「ユーザーインタフェースデザインの基礎知識
〜プログラム設計からアプリケーションデザインまで〜」係
FAX番号：03-3513-6167

※なお、ご質問の際に記載いただいた個人情報は質問の返答以外の目的には利用いたしません。また、質問の返答後はすみやかに破棄させていただきます。